U0183346

古村落保护中的艺术传承与活化

——以湖南板梁古村落为例

李 沙 著

上海大学出版社

·上海·

图书在版编目（CIP）数据

古村落保护中的艺术传承与活化：以湖南板梁古村
落为例/李沙著.—上海：上海大学出版社，2023.12
ISBN 978-7-5671-4854-3

Ⅰ.①古… Ⅱ.①李… Ⅲ.①村落－建筑艺术－保护
－研究－永兴县 Ⅳ.① TU-862

中国国家版本馆CIP数据核字（2023）第221000号

责任编辑　王　聪
封面设计　钱秋枫　倪天辰
技术编辑　金　鑫　钱宇坤

古村落保护中的艺术传承与活化
——以湖南板梁古村落为例

李　沙　著

上海大学出版社出版发行
（上海市上大路99号　邮政编码200444）
（https://www.shupress.cn　发行热线021-66135112）
出版人　戴骏豪

*

南京展望文化发展有限公司排版
江阴市机关印刷服务有限公司印刷　　各地新华书店经销
开本890mm×1240mm　1/32　印张7.5　字数181千
2023年12月第1版　2023年12月第1次印刷
ISBN 978-7-5671-4854-3/TU·27　定价　68.00元

版权所有　侵权必究
如发现本书有印装质量问题请与印刷厂质量科联系
联系电话：0510-86688678

序言

　　任何一种文明的产生和传承都有一个漫长的过程，一次圆满的经验会带来极具普遍性意义的共鸣，必定也会是一个因缘际会、循环往复之后的沉淀。然而，要达到这样的经验感知并不是易事，因为是人就有局限，有看见就有看不见，有为就有漏，但我们努力接近圆满，就会让我们感知的世界更真切。古村落的美是千百年以来，一代又一代人朝着这种圆满的经验努力而成的结晶。而在现代文明的冲击下，古村落的美就像被多重包裹的宝珠，而这层层的包裹正是我们在现代文明的浸染下人与自然环境的分裂。如何感知到这颗璀璨的宝珠的能量，最重要的是要打开自己，融入其中，才能让光照进来。我们习惯于把世界看成是自我之外的世界，其实，看世界的同时也在看自己。

　　走进村落，我们可见的是村落的外形风貌，我们感知的是村落的风俗人情，触动我们思绪的是"差异"，让我们回味的是跨越时空的"想象"。想象是创新、创意、发展的源泉。当古村落都沦落到"千篇一面"或"面目全非"的现状时，其就失去了原本的"可印象性"，失去了特性，固然也切断了大部分人的思绪和想象。从某种意义上说，对古村落的美的想象也体现了对未来美好生活的愿景，而有愿景才会促其行动，才会实践新的可能。

　　古村落所承载的传统文化为现代文明带来了"久违"的美，带来了人与自然的和谐与善意。难道我们不希望用现代文明善待历史文明,把本色的中华文明留给子孙,让千年古树在未来开花? 难道我们不期待在全球化的浪潮下,让中国人保留对世界的另一种想象? 或许当我们找到这样的平衡时,就有了人类对"新世界"的开创。

目　录

导　论

　　随着世界文化遗产保护运动的推进,我国20世纪80年代掀起了文化遗产保护运动。其中,1985年我国加入联合国教科文组织(以下简称UNESCO)《保护世界文化和自然遗产公约》的缔约国行列,开始着手寻找我国文化资源申报世界文化遗产,直到2000年,皖南黟县西递宏村申报世界遗产名录成功,从而奠定了古村落①在文化遗产保护领域的重要地位。后来,为了保护文化遗产,我国形成了一系列的社会组织机构和一系列的规范性文件。譬如,1993年中国古迹遗址保护协会(简称ICOMOS China)成立。2002年重修《中华人民共和国文物保护法》,在第十四条中就明确提出"历史文化村镇"的保护概念②。2003年中国民间文艺协会发起国家哲社基金委托项目——中国民间文化抢救工程,率先开启国家关于古村落的调研工作③。2003年10月我国公布了第一批历

---

① 本文使用"古村落"这个术语并不排斥其他术语的用法,如"传统村落""历史文化村镇",相反更是要借助于这些术语的不同解释,而共同地指向同一个文化现象,来挖掘村落文明存在的现代性价值,引发人类文明的多样性和适宜性。在引用其他学者文本或管理性文件时,一般都保留其原有术语的用法,但在加以诠释时都指向"古村落",除非具有某种本质上的相左意见时就另加以说明解释。

② 《中华人民共和国文物保护法》(2002年修正版),载《中华人民共和国国务院公报》2002年第33号。

③ 张稚丹:《中国民间文化遗产抢救工程回顾》,载《人民日报》(海外版),转引日期:2020年1月6日,http://www.china.com.cn/chinese/CU-c/1046007.htm。

史文化名村,随后于2008年4月正式颁布《历史文化名城名镇名村保护条例》[①],使得历史文化名村保护有法可依。2012年4月,我国住房和城乡建设部、文化部、国家文物局、财政部四部委(以下简称"四部委")联合发布《关于开展传统村落调查的通知》,9月成立"中国传统村落保护和发展委员会",同时印发《传统村落评价认定指标体系(试行)》,启动传统村落立档调查。从2012年12月公布第一批中国古村落名录开始,直到2019年公布第五批名录,共公布了6 819个古村落,需要加以保护。2014年,四部委又制定了《关于切实加强中国传统村落保护的指导意见》[②],对保护的任务、措施、监管等方面提出指导性意见。2015年6月,由住房和城乡建设部等部门印发《关于做好2015年中国传统村落保护工作的通知》,要求建立省级古村落名录,这就形成了古村落的双层分布管理机制。党的十九大召开后,国家两办(政府办与党办)印发《乡村振兴战略规划(2018—2022年)》将传统村落定义为"特色保护类村庄",并提出要切实保护传统村落的物质与非物质遗产。接着,国家两办又印发《关于实施中华优秀传统文化传承发展工程的意见》,明确提出建设传统村落的数字博物馆。2019年,两办又印发《数字乡村发展战略纲要》,以便规范传统村落优秀文化资源的数字化工作。显然,在我国文化遗产保护进程中,人们对我国乡村文明的认识是经历了一个由浅入深、由表及里的过程。

---

① 《历史文化名城名镇名村保护条例》,http://www.gov.cn/flfg/2008-04/29/content_957342.htm,转引日期:2020年1月6日。
② 四部委(住房和城乡建设部、文化部、国家文物局、财政部):《关于切实加强中国传统村落保护的指导意见》,文号:建村〔2014〕61号,中华人民共和国住房和城乡建设部网站,http://www.mohurd.gov.cn/wjfb/201404/t20140429_217798.html。

一、古村落保护运动的兴起

现代意义的古村落保护运动,成为世界人类文化保护史上的一项重要工作,主要起源于现代工业革命后18世纪的英国,当时以土地为财富中心的贵族乡绅力争保护乡村景观的需要,同时因工业发展带来的社会问题,如环境污染、土地荒废、经济危机等,而促使有识之士认清社会的经济增长和福利不能以自然环境的破坏为代价。于是,乡村保护运动便成为英国中产阶层和贵族阶层的精神追求,不再强调经济价值的考虑,而取决于当时人们集体的审美体验[①]。因此,到了19世纪末,英国民众自发成立了保护乡村景观的国家信托基金会,又经过查尔斯·罗斯柴尔德(Charles Rothschild)创立自然保护促进会的推进,这种保护运动就逐渐地得到了国家政府的支持,到了20世纪20年代,英国政府出台了《英国乡村保护法》("The Preservation of Rural England"),随后,乡村保护就成为英国政府施政必备的政策。直到1995年,时任英国首相约翰·梅杰(John Major)发布《乡村发展白皮书》("Rural White Paper"),还在序言中判定,英国乡村是充满生活气息的乡村,应该继续保持。

相应的,美国的古村落保护运动主要源自博物馆理念的兴起与扩展,慢慢地由物品保护转向建筑物保护,再转向景观保护,最后转向村落保护。因此,美国最早实施起保护村落的案例是1924年由历史学教授威廉·阿彻·卢瑟福德·古德温(William Archer Rutherfoord Goodwin)说服约翰·D.洛克菲勒(John D. Rockefeller)所建立的基金会购买"殖民地威廉姆斯堡"(Colonial

---

① 参阅李建军:《英国传统村落保护的核心理念及其实现机制》,载《中国农史》2017年第3期,第115—124页。

Williamsburg）村落，予以保持其原殖民地时期的生活场景。再者，1928年由赫里·福特（Henry Ford）基金会以博物馆方式保护格林菲尔德村（Greenfield Village）①。显然，英美关于古村落保护的理念源自对工业化生活场景的反思，恰恰都是出于那些受惠于工业经济的富有人的思想。如果英国在实施保护运动中还蕴含着其阶级制度的权利赋予，那么美国则更多地在于市场经济制度的自由运作。正如学者黛安·巴塞尔（Diane Barthel）所说，"在英国，这种运动更多是中心化和精英化的理念，而在美国，它更多是地方化和多元化的理念"②。虽然作者所说的"这种运动"是指"历史保护"，但它实质上是包括了古村落保护运动在内，因为古村落保护只不过是简单的历史文物保护的整体性延伸。

其实，西方国家中实施古村落保护运动的并不只英美，在德法等国家也同样掀起了这种保护运动。譬如，法国在1930年出台《风景名胜地保护法》，确定保护对象，即富有艺术、历史、科学、传奇及画境色彩的小城镇、村落及自然保护区、风景区。但到了20世纪60年代才真正推动乡村遗产保护措施，颁布了《马尔罗法》（"Loi Malraux"）推行"1964年3月4日政令"（"Décret du 4 mars 1964"），开创了《遗产清单》（"Inventaire général"），将历史建筑物的内涵向乡村遗产拓展。到1994年，法国文化部出台《乡村文化遗产政策》，由此奠定了当今法国乡村遗产保护的基调③。相对来说，德国在工业化过程中并没有特别地感触到对乡村要进行特别保护，相反对城镇

---

① Michael A. Tomlan, *Historic Preservation*, Springer International Publishing Switzerland, 2015, p24. 这或许是当今人们所追求的生态博物馆概念的起源。

② Diane Barthel, "Getting in Touch with History: The Role of Historic Preservation in Shaping Collective Memories". In: *Qualitative Sociology*, Vol. 19, No. 3, 1996, p346.

③ 参阅万婷婷：《法国乡村文化遗产保护体系研究及其启示》，载《东南文化》2019年第4期，第12—13页。

历史的保护优先获得了认同。在1902年就制定了保护优美景观的法律，但对村落保护意识只有到了20世纪50年代才被提上议程，主要以村庄美化为理念。1961年，德国政府签署了《迈瑙绿色宪章》，推行乡村景观整治[①]。由此可见，德法关于村落保护则是出于政府的觉醒，对工业化文明与城镇化进程的反思。

　　不同国家对自身历史保护意识的加强，带来的是国际性的历史保护运动。譬如，1933年，现代建筑国际会议（简称CIAM）制定了《雅典宪章》，提出保护历史地区的概念。1964年，国际古迹遗址理事会（以下简称ICOMOS）出台了《威尼斯宪章》[②]，明确将古村落列为文物古迹的保护范围。之后，国际古迹遗址理事会颁布或认同的文化遗产保护文件共有39份（不包括UNESCO的相关文件），其中自己颁布的宪章14份，决议和宣言14份，ICOMOS国家委员会接受的宪章7份，被ICOMOS认同的其他文化遗产保护文件4份[③]。更具有国际广泛性影响的保护运动纲领主要源自1946年成立的联合国教科文组织，它从1972年颁布《世界文化和自然遗产公约》以来，就开始建立起各国对历史文化遗产进行保护与协作的指导性原则。即使它之前也颁布了一些公约，但基本上只关注于文化遗产的非法转移与战争破坏问题。为了从积极意义上鉴定评价世界文化遗产，并给予相应的操作指南，联合国教科文组织在这个公约基础上又颁布了一系列纲领性文件。譬如，1977年，它颁布了《实施世界遗产公约的操作指南》，并不断地根

---

① 参阅吴唯佳、唐燕、唐婧娴：《德国乡村发展和特色保护传承的经验借鉴与启示》，载《乡村规划建设》2016年第6期，第101—102页。

② 《关于古迹遗址保护与修复的国际宪章〈威尼斯宪章〉（完整版）》，http://www.iicc.org.cn/Publicity1Detail.aspx?aid=870.

③ 汤晔峥：《国际文化遗产保护转型与重构的启示——从ICOMOS的〈威尼斯宪章〉到UNESCO的〈保护世界自然与文化遗产公约〉》，载《现代城市研究》2015年第11期，第49页。

据新思想新技术而加以修改、加以实施，直到2019年共有25次修改，以增强这个公约的普适性，使得"世界遗产名录"在20世纪90年代成为整个人类文化保护的全球战略。接着，联合国教科文组织在2001年颁布《水下文化遗产保护公约》（"Convention on the Protection of the Underwater Cultural Heritage"），2003年颁布《非物质文化遗产保护公约》（"Convention for the Safeguarding of the Intangible Cultural Heritage"），2005年颁布《文化表述多样性促进与保护公约》（"Convention on the Protection and Promotion of the Diversity of Cultural Expressions"），直到2015年颁布《波恩宣言》（"The Bonn Declaration"），2016年颁布《伊斯坦布尔宣言》（"The Istanbul Declaration"），等等。国际古迹遗址理事会、联合国教科文组织这些公约/协定（Conventions & Agreements）、宪章/宣言（Charter & Declarations）和建议（Recommendations）就成为当今社会讨论文化遗产问题的基础文本，为研究者提供了基本原则和基本理念，其中也指明了世界各国学者进行古村落保护研究的方向。

二、古村落保护研究现状分析

毫无疑问，古村落保护是历史文化遗产保护之一，但究竟什么是保护？究竟什么东西才值得保护？究竟为谁保护？究竟由谁来实施保护？这对于研究者来说是不言而喻的问题，却不容易解释清楚。因为历史保护研究是复杂的，它不但涉及政治问题、法律问题、伦理问题，而且还涉及历史问题、文化问题、技艺问题、生态问题、社会问题、生活问题，等等。但把它作为研究对象，其研究就可区分出三个层面：保护理论研究、保护实践研究、保护策略研究。现在就围绕这三个层面展开对国内外古村落保护文献的评述。

1. 国外研究状态

在国外，古村落保护研究主要分布在民间建筑、乡村景观、历史遗址、自然生态等意义上，若从严格意义上说，极少有古村落这一概念所指称的研究对象。正如德国学者本·西格斯所说，"谈及德国的村落发展，很少会涉及到'古村落'，因为在现在的德国村落中，很少有能够称之为'古村落'的了"①。这一现象同样适用于其他西方国家，因为它们都已经历了三百多年的工业化过程，现有村落基本上划归在城市辖区，即使在英国也是如此。尽管英国乡村给人一种古老而又田园式的印象，但徒有其建筑风格而已，其生活方式早已现代化了。在美国，对于古村落保护形态来说，它是以一种生态博物馆或活博物馆的形式出现，如弗吉尼亚州的"殖民地威廉姆斯堡"。但是，在讨论村落保护问题上，国外学者的思考还是给予了我们极大的启发。

（1）从保护理论上看，国外研究是丰富的。这主要表现在两个方面：

第一，对历史保护观念的研究。国外学者一般认为保护是一种源自历史学的概念，起源于历史价值的认知。如美国学者迈克尔·A. 托姆兰（Michael A. Tomlan）在《历史保护》中认为，现代意义上的历史保护理念是出自犹太-基督教传统，主要基于以下考虑：保护对象的有用性、特别的经济性、重要的纪念性、独特的审美性和至少的精神价值。②另一位学者黛安·巴塞尔通过对英美关于保护运动的比较研究，他认为，保护理念可以源自那些能唤醒集体记忆的重要历史，能塑造国家形象；也可以源自教育下一代的需要；也可以源自知识权威的幻想；也可以源自社会集体

---

① ［德］本·西格斯：《德国村庄经济发展和村落保护》，载《今日国土》2006年第10期，第45页。

② Michael A. Tomlan, *Historic Preservation*, Springer International Publishing Switzerland 2015. Introduction.

从幼稚走向成熟的需要①。德国学者奥托夫·库内(Olaf Kühne)在研究景观观念起源时认为，景观概念起初就具有一种对应于城镇的乡村意义，并指出景观的形成跟居住条件、审美价值、社会建构、生态环境等观念相关联。另一位学者马克·安特罗普(Marc Antrop)也认为，景观是一种在自然过程与人类活动、自然地区与社区之间交互活动的场景，其中充满了各种思想、观念、信仰和情感的表达②。这样，保护理念就不再只属于有钱人的审美需要和经济增值，而要关涉到社会记忆与历史认同，同时集聚着群体心理学的建构。然而，有人认为保护理念是源于遗忘存在的悖论，恰恰是人类社会中大多数事物的遗忘才促使其保护理念的形成。相反，对某物进行越多的保护，就会促使其保护本身意义的丧失。因此，保护从本质上看就是遗忘的再现，使人体验到某对象存在于哪

---

① Diane Barthel, "Getting in Touch with History: The Role of Historic Preservation in Shaping Collective Memories". In: *Qualitative Sociology*, Vol. 19, No. 3, 1996, p346. 同时参阅, Diane Barthel, "Historical Preservation: A Comparative Analysis". In: *Sociological Forum*,1989, 4(3), pp87–105. 进一步参阅, Diane Barthel, *Historic Preservation: Collective Memory and Historical Identity.* New Brunswick: Rutgers University Press, 1996. Tony Bennett, *The Birth of the Museum: History, Theory, Politics.* London: Routledge 1995. Marcus Binney, *Preservation Pays: Tourism and the Economic Benefits of Conserving Historic Buildings.* London: Save Britain's Heritage 1978.

② Olaf Kühne, "The Evolution of the Concept of Landscape in German Linguistic Areas". Marc Antrop, "Interacting Cultural, Psychological and Geographical Factors of Landscape Preference". In: D. Bruns et al. (eds.), *Landscape Culture – Culturing Landscapes*, RaumFragen: Stadt – Region – Landschaft, Springer Fachmedien Wiesbaden 2015. pp44–50; pp54–64. 同种思想还可同时参阅, Antrop M., "A brief history of landscape research". In: Howard P, Thompson I, Waterton E (eds): *The Routledge Companion to Landscape Studies.* Routledge, London 2013, pp12–22. Claval PL., "The Languages Of Rural Landscapes". In: Palang H, Sooväli H, Antrop M, Setten S, *European rural landscapes: persistence and change in a globalising environment.* Kluwer Academic Publishers 2004, pp11–40.

儿①。这种观点就将保护的反面意义澄清出来,给予历史认识的吊诡现象。正如法国哲学家保罗·利科(Paul Ricoeur)所说,遗忘的遗忘早已结构于历史记录中②。同样,遗忘必然是古村落保护的内在结构。

因此,历史保护并不是纯粹地出自保护对象的完美性,而更多出自历史的选择,准确地说是出自多种不确定因素的合成,如个人偏好、社会心理、政治权威、破坏运动。譬如,澳大利亚学者凯南·金特里(Kynan Gentry)就认为保护概念是一种政治学的渲染,他从英国历史著作上讨论了遗产保护运动与政治保守主义的千丝万缕,特别是撒切尔夫人执政中的遗产保护理念,从而揭示出历史保护背后乃是政治学的主张③。

有学者把历史保护与地方历史研究联系起来,认为地方历史研究可以为遗产保护带来系统而有意义的认同,提供遗产保护的背景、环境及文化景观,从而为保护策略提供理论依据④。另一方

① Jonathan Sterne, "The Preservation Paradox". In: R. Purcell et al. (eds.), *21st Century Perspectives on Music, Technology, and Culture,* © The Editor(s) 2016. 另见, Russell, K., *Why Can't We Preserve Everything?* St. Pancras: Cedars Project, 1999.

② Paul Ricoeur, *Memory, History, Forgetting.* Chicago, IL: University of Chicago Press, 2004.

③ Kynan Gentry, "The Pathos of Conservation": Raphael Samuel and the politics of heritage. In: *International Journal of Heritage Studies*, 2015, 21:6, pp561-576. DOI: 10.1080/13527258.2014.953192. 在此分析了当时一些重要的著作,如: Raphael Samuel, *Theatres of Memory: Volume 1: Past and Present in Contemporary Culture.* London: Verso, 1994. Samuel, Raphael, Barbara Bloomfield, and Guy Boanas, eds. *The Enemy within: Pit Villages and the Miners' Strike of 1984-5.* London: Routledge & Kegan Paul, 1986. Samuel, Raphael. 1989d. "The Pathos of Spitalfields." In: *The Spectator*, May 19, 1989. Lowenthal, David, *The Past is a Foreign Country.* Cambridge: Cambridge University Press, 1985.

④ Andrew Jackson, "Local and Regional History as Heritage: The Heritage Process and Conceptualising the Purpose and Practice of Local Historians". In: *International Journal of Heritage Studies*, 2008, 14:4, pp362-379. DOI: 10.1080/13527250802155877.

面,相对于地方历史来说,全球化历史也提供了历史保护的理论依据。譬如,墨西哥学者卢尔德·阿里兹佩(Lourdes Arizpe)就说到全球化背景下对遗产保护的理解。她认为,基于全球化的不平衡发展带来的各种问题,要以一种关于人权、民主、平等、责任和可持续性的全球伦理观,来保护世界文化遗产,而抛弃以自然与文化相分离的理论框架,建立起"生态-社会"系统,主张文化多元主义,使得不同地区的文化遗产为全球发展提供可持续的动力[①]。另一位加拿大学者奇克·杰弗斯(Chike Jeffers)同样持有多元文化主义(multiculturalism)观点,认为它能克服种族主义的偏见,瓦解欧洲中心主义的价值体系,从而能更好地维护世界文化遗产[②]。

第二,对历史保护价值的研究。究竟什么东西才值得保护?这对于遗产保护运动来说是至关重要的问题。除了现行文化遗产保护机构提出的保护文件外,关于保护价值的研究也是学者们津津乐道的事。在国际研究界上主要有三种方式来加以界定:一是基于物理对象而有的保护价值评估;二是基于文化人类学的活态社会而有的保护价值评估;三是基于自然与文化各要素构成系统而有的保护价值评估。[③]正是在第二种与第三种方式中出现了古村落保护运动,使得保护价值由原来孤立的单一价值转换成系统的多元价值,由原来精英文化的价值追求转向大众文化的价值体验。譬如,波兰学者沃伊切赫·博嫩贝格(Wojciech Bonenberg)以

---

① Lourdes Arizpe, *Culture, Diversity and Heritage: Major Studies*. Springer Cham Heidelberg New York Dordrecht London, 2015.另参阅, Lourdes Arizpe, "Cultural Heritage and Globalization", in: *Values and Heritage Conservation Research Report* (Los Angeles: Getty Conservation Institute), 2000. pp32-37.

② Chike Jeffers, "The Ethics and Politics of Cultural Preservation". In: *J Value Inquiry*, 2015, 49: pp205-220. DOI: 10.1007/s10790-014-9470-9.

③ Gaetano M. Golinelli (eds.), *Cultural Heritage and Value Creation — Towards New Pathways*. Springer International Publishing Switzerland 2015.

波兰乡村文化遗产保护为例而讲到了乡村保护都是要基于其价值评估，而价值评估乃取决于其历史意义、审美意义、科学意义和社会意义的分析，由此以适用性功能来保持乡村可持续发展计划和关联性危机分析①。在文化人类学研究中也体现出村落保护的价值。譬如，卢尔德·阿里兹佩和克里斯蒂娜·阿梅斯卡（Cristina Amescua）所主编的《非物质文化遗产的人类学研究》②（2013），以及卢尔德·阿里兹佩所著的《文化，多样性与遗产的研究》③（2015）。有人更进一步认为，人类学背景下的跨文化价值观能为遗产保护提供多学科性的世界性的价值评估路径，从而能抛弃那种以欧洲文化价值观为依据的评判④。同样也有学者认为，保护价值应该从社会与环境相关联的角度来塑造，强调社区对保护对象的存在意义，强调生态环境对保护对象的关联⑤。这些对保护价值重新考察就使得人们对文化遗产的理解也从单一的物理对象扩展

---

① Wojciech Bonenberg, "The Role of Cultural Heritage in Sustainable Development. Values and Valuation as Key Factors in Spatial Planning of Rural Areas". In: *J. Charytonowicz and C. Falcão (Eds.)*: AHFE 2019, AISC 966, pp124–134. Springer Nature Switzerland AG 2020. https://doi.org/10.1007/978-3-030-20151-7_12.

② Lourdes Arizpe, Cristina Amescua (eds.), *Anthropological Perspectives on Intangible Cultural Heritage*. Springer Cham Heidelberg New York Dordrecht London, 2013.

③ Lourdes Arizpe, *Culture, Diversity and Heritage: Major Studies*. Springer Cham Heidelberg New York Dordrecht London, 2015.

④ Mélanie Duval, Benjamin Smith, Stéphane Hœrlé, Lucie Bovet, Nokukhanya Khumalo and Lwazi Bhengu, "Towards a holistic approach to heritage values: a multidisciplinary and cosmopolitan approach". In: *International Journal of Heritage Studies*, 2019, Vol. 25, No. 12, pp1279–1301. 文中提出六点跨文化价值观：愉快感、归属感、社会凝聚力、健康性、致富性与社区责任感（pleasure, belongs, social cohesion, health, care and responsibility）。而驳斥以审美性、历史性、科学性与社会性为保护价值的依据（aesthetic, historic, scientific, social or spiritual values）。

⑤ Jim Russell, "Towards More Inclusive, Vital Models of Heritage: an Australian perspective". In: *International Journal of Heritage Studies*, 1997, 3: 2, pp71–80. DOI:10.1080/13527259708722191.

到非物质对象,再到社会生活方式的保护,其中包括了社区、乡村、荒野、广场等对象。

（2）从保护实践上看,国外研究也是丰富的,大致也可分为两个方面:

第一,对实践方法的探索。最前沿的研究成果就是通过数字技术的应用,将文化遗产保护实践提升到文化政策的最前端。譬如,由巴巴托什·昌达（Bhabatosh Chanda）、苏巴西斯·乔杜里（Subhasis Chaudhury）和桑塔努·乔杜里（Santanu Chaudhury）所编辑的《遗产保护的计算路径》(*Heritage Preservation A Computational Approach*, 2018）就指出,当今文化遗产保护已成为人类文明和生态系统不断演化的注脚,对保护对象的修复、维护和激活就成为保护实践的重要内容,对于那些文物的缺失部分或无法以物理方法给予弥补的地方,数字保护就成为积极的诉求,更能为人类历史做出贡献[1]。

除去数字技术带来的保护实践外,还有其他方法。其中,最古老的方法,是直接收藏（个人的、博物馆的）。但有关于古村落保护的实践方法上主要有:① 从20世纪60—70年代兴起的村落博物馆（Museum village）和生态博物馆（Eco-museum）,这种方法主要起源于英美国家的博物馆制度。譬如,琳达·杨（Linda Young）讨论了澳大利亚九座古村落实行了这种博物馆制度,为保持国家早期文化与家园感起到了作用。但在保护实践中也遭遇了困境:一是管理大量古村落物件的负担;二是村落人口老化与减少,需要招募志愿者来维持;三是受到专业管理知识的影响。[2]

---

① Bhabatosh Chanda, Subhasis Chaudhury, Santanu Chaudhury (eds.), *Heritage Preservation: A Computational Approach*. Springer Nature Singapore Pte Ltd. 2018. Preface.

② Linda Young , "Villages that Never Were: The Museum Village as a Heritage Genre". In: *International Journal of Heritage Studies*, 2006, 12:4, pp321–338. DOI:10.1080/13527250600727059.

又如学者泽维尔·罗伊热(Xavier Roigé)和吉罗娜·琼·弗里戈尔(Girona Joan Frigolé)撰写的《建构文化与自然的遗产:公园、博物馆和乡村》(*Constructing Cultural and Natural Heritage: Parks, Museums and Rural Heritage,* 2010)认为,遗产是一种社会建构,所有文化的、自然的或物质的、非物质的遗产,都是经过一种复杂的而又常常受到争议的祖传化 (patrimonialization)过程。因此,保护遗产并不是单一的物理对象,而是社会建构物[①]; ② 日本的近江八幡村落保护实践方法。它提供了一种以社区管理为中心的就地经济适宜开发策略与教育工程,激发居民与计划者的保护意识[②]。这种方法日益得到了不同研究者的青睐。

　　第二,对实践对象的个案研究。这主要通过适当的方法来解释某一具体村落保护存在的问题。这也是当前古村落保护研究的常用方式,在此只列举几个代表案例。譬如,学者贾拉·M. 马克祖米(Jala M. Makhzoumi)对黎巴嫩村落的研究,提出生态公园计划,基于乡村社区的日常生活方式来塑造景观观念,继承传统乡村习俗、增值乡村遗产、同享乡村认同[③]。学者安德·鲁霍奇斯(Andrew Hodges)和史蒂夫·沃森(Steve Watson)使用了社区管理计划来研究英国约克郡的奈特·波普尔顿(Nether Poppleton)乡

① Xavier Roigé & Girona Joan Frigolé, *Constructing Cultural and Natural Heritage: Parks, Museums and Rural Heritage.* Girona, Documenta Universitaria, 2010.

② Nancy Pollock-Ellwand , Mariko Miyamoto , Yoko Kano & Makoto Yokohari, "Commerce and Conservation: An Asian Approach to an Enduring Landscape, Ohmi-Hachiman, Japan" . In: *International Journal of Heritage Studies,* 2009, 15:1, pp3-23. DOI: 10.1080/13527250902746021.

③ Jala M. Makhzoumi, "Unfolding Landscape in a Lebanese Village: Rural Heritage in a Globalising World" . In: *International Journal of Heritage Studies,* 2009, 15: 4, pp317-337. DOI: 10.1080/13527250902933793.

村遗产的保护①。有学者基于跨文化交流视角,采用多学科相整体性的方法研究非洲马洛蒂-德拉肯斯堡公园(Maloti-Drakensberg Park)世界遗产地址的保护与管理,提高遗产文化的多元交流,并在地方性上理解世界性②。西班牙学者阿米亚·德尔·阿莫尔(Camila del Mármol)以人居环境、文化与经济为关系探讨了加泰罗尼亚比利牛斯山脉(Catalan Pyrenean)峡谷,以人种学的方式追问自然遗产与文化遗产在城市化进程中该如何保持其传统方式,以表达一种追求亲近自然的生活而与周围环境保持一种理想的景观方式③。美国学者D. 费尔柴尔德·拉格尔斯(D. Fairchild Ruggles)和海伦·西尔弗曼(Helaine Silverman)所编著的《具象的非物质文化遗产》(*Intangible Heritage Embodied*, 2009)中指出个案研究从一种以保护对象为中心的研究方式转向一种以囊括非物质文化在内的人类生存体验的研究方式。其中讨论了声音、记忆、景观、民俗碑铭、秘鲁拉帕兹(Rapaz)村落的结绳记事等非物质文化遗产的真实性④。

（3）从保护策略上看,国外研究主要分为两个方面:一是对不同国家所实施的保护政策进行研究；二是对联合国教科文组织及

① Andrew Hodges & Steve Watson, "Community-based Heritage Management: a case study and agenda for research". In: *International Journal of Heritage Studies*, 2000, 6: 3, pp231–243. DOI: 10.1080/13527250050148214.

② Mélanie Duval, Benjamin Smith, Stéphane Hœrlé, Lucie Bovet, Nokukhanya Khumalo and Lwazi Bhengu, "Towards a holistic approach to heritage values: a multidisciplinary and cosmopolitan approach". In: *International Journal of Heritage Studies*, 2019, Vol. 25, No. 12, pp1279–1301.

③ Camila del Mármol , "The quest for a traditional style: architecture and heritage processes in a Pyrenean valley". In: *International Journal of Heritage Studies*, 2017, 23: 10, pp946–960. DOI: 10.1080/13527258.2017.134788.

④ D. Fairchild Ruggles, Helaine Silverman (eds.), *Intangible Heritage Embodied*, Springer Dordrecht Heidelberg London New York, 2009.

其相关的国际性保护组织的文件进行研究。

第一,不同国家、地区的保护策略研究。现代意义上的文化遗产保护运动主要起源于西欧国家,并最早受到政府的指导性文件的约束,甚至为此立法。近年欧洲议会出版了《欧洲遗产复兴指南》(*Companion to European Heritage Revivals*, 2014),不但涉及欧洲遗产保护实践问题,还涉及其保护策略问题。譬如,书中提出遗产该如何起到那种能创造出对过去产生公共热情的生机作用,并激发出人们在日常生活中更加熟知的文化历史基础。并且,它又讨论了欧洲现有的文化遗产保护对象,极力主张把它们作为旅游资源开发[①]。另一位作者罗伯特·皮卡德(Robert Pickard)基于欧洲联盟在1985年颁布的《关于建筑遗产保护条约》,来探讨欧洲各国对这个条约的执行情况,其中指出政策需要保证可持续性发展,而保护对象需要拓展到历史环境与景观[②]。显然,这些思想又反映到了联合国教科文组织颁布的《非物质文化遗产保护公约》(2003)上。随着欧洲历史保护运动的开展,如《威尼斯宪章》(1964)、《欧洲建筑遗产宪章》(1975)、《佛罗伦萨宪章》(1982)相继颁布,这种运动也在其他国家得到重视,澳大利亚颁布了《布拉宪章》(1979),在亚洲国家中出现了日本的《奈良真实性文案》(1994)、越南的《会安宣言》(2003)、中国的《西安宣言》(2005)、韩国的《首尔宣言》(2005)等纲领性文件,不断地修正文化遗产的保护对象,并形成了一种不同于西欧的文化遗产认知方式与保护策略。正如澳大利亚学者肯·泰勒(Ken Taylor)在其论文《宪章

---

① Linde Egberts and Koos Bosma (eds.), *Companion to European Heritage Revivals*, Springer Heidelberg New York Dordrecht London, 2014. Preface.

② Robert Pickard, "A Comparative Review of Policy for the Protection of the Architectural Heritage of Europe". In: *International Journal of Heritage Studies*, 2002, 8: 4, pp349–363. DOI: 10.1080/1352725022000037191e.

原则在亚洲文化遗产管理中的作用》(2004)中所说的那样,亚洲人在理解文化遗产上容易将它与旅游观光联系起来,同时将什么对象评价为遗产的标准并不同于从欧洲文化而来的认知标准,宪章原则的作用只是一种对遗产意义的认同,只是一种对真实性的框架[①]。当中国加入保护组织行列后,它就迅速地成为仅次于意大利的世界文化遗产拥有国,因此,中国文化遗产制度受到了国际同行们的研究。譬如,塔米·布卢门菲尔德(Tami Blumenfield)和海伦·西尔弗曼所编著的《中国文化遗产政治学》(2013)就专门讨论了中国文化遗产从设立到保护、管理等问题。文中认为中国文化遗产政策主要表现在三个方面:把文化遗产保护看作国家文化软实力的一部分;以文化遗产保护来支持地区地方的经济发展;把符合联合国教科文组织的保护价值标准的文化遗产纳入国家文化遗产库,并由此设立起国家文化遗产管理体系,积极申报世界文化遗产名录[②]。

第二,国际性保护组织的文件研究。这主要表现在对UNESCO和三大非政府的国际性组织所颁布的文件进行研究。这三大机构分别是:国际古迹遗址理事会、国际自然及自然资源保护联盟、国际文化财产保护与修复研究中心。其中,UNESCO的文件最具普适性,研究论文很多,大多数是研究解释其理论的实践应用。譬如,由德国学者萨宾·冯·肖勒默(Sabine von Schorlemer)和彼得-托拜厄斯·斯托尔(Peter-Tobias Stoll)所编辑的《诠释UNESCO关于文化表述多样性的促进与保护》

---

① Ken Taylor, "Cultural heritage management: a possible role for charters and principles in Asia". In: *International Journal of Heritage Studies*, 2004, 10:5, pp417–433. DOI: 10.1080/1352725042000299045.

② Tami Blumenfield and Helaine Silverman (eds.), *Cultural heritage politics in China*, New York, Springer, 2013.

（*The UNESCO Convention on the Protection and Promotion of the Diversity of Cultural Expressions—Explanatory Notes*, 2012），主要针对UNESCO在2005年所颁布的《文化表述多样性促进与保护公约》进行讨论，指出了公约乃是应对全球化自由贸易带来的文化均质化与商业化，而强调文化的多样性，并调节市场与国家、文化工业与文化政策的关系[①]。又如，意大利学者皮尔·路易吉·佩特里洛（Pier Luigi Petrillo）所编辑的《比较研究非物质文化遗产的合法保护》（*The Legal Protection of the Intangible Cultural Heritage—A Comparative Perspective*, 2019）主要讨论了UNESCO在2003年颁布的公约在不同地区进行实施的情况与问题，集中关注到文化遗产保护中的人权问题，以及当地人权与知识产权的平衡问题[②]。又有文章讨论了UNESCO在2001年颁布的《水下文化遗产保护公约》的问题，认为这个公约结束了人们只为着水下遗物经济价值而进行打捞和考古的混乱局面，阐明水下遗产的科学文化价值，甚至包括了水下地址的存在意义[③]。更为整体地讨论到UNESCO公约保护世界遗产的意义在于证明国际合作管理的价值，提供公共权威与服务，并不具有高于国

---

① Sabine von Schorlemer, Peter-Tobias Stoll(eds.), *The UNESCO Convention on the Protection and Promotion of the Diversity of Cultural Expressions — Explanatory Notes* . Springer Heidelberg New York Dordrecht London, 2012. 讨论到文化遗产与经济的关系，还可参见日本学者Naoto Jinji, Ayumu Tanaka, "How does UNESCO's Convention on Cultural Diversity affect trade in cultural goods?" In: *Journal of Cultural Economics*, 2020. https://doi.org/10.1007/s10824-020-09380-6. 它在文中证明了文化多样性公约促进了文化多样性的发展。

② Pier Luigi Petrillo (eds.), *The Legal Protection of the Intangible Cultural Heritage — A Comparative Perspective*, Springer Nature Switzerland AG, 2019.

③ Amanda M. Evans, Matthew A. Russell, Margaret E. Leshikar-Denton, "Local Resources, Global Heritage: An Introduction to the 2001 UNESCO Convention on the Protection of the Underwater Cultural Heritage" . In: *Journal of Maritime Archaeology* volume 5, 2010, pp79-83.DOI: 10.1007/s11457-010-9066-x.

家的地位^①。

另外对其他组织文件如国际古迹遗址理事会所颁布的,也有相关研究。譬如,意大利学者卡洛琳娜·迪比亚斯(Carolina Dibias)对1964年的《威尼斯宪章》颁布以来50年的历程作了评述,表明它在文化遗产保护中起到了标准化的作用,以"古迹为人"的口号在保护思想、保护情景和保护机制上都给予了开创性的解释^②。

虽然国外学者对古村落保护的独特研究并不多见,大多数是在文化遗产保护的基础上涉及到村落保护,但对文化遗产保护理念及其实践的探讨已构成了我们研究古村落保护问题的借鉴资料,并给予我们更好地理解古村落保护的文化意义与实践意义。

2. 国内研究状态

相对于国外古村落保护研究来说,国内古村落研究更为兴盛。从"中国知网"的统计来看,涉及关键词"村落"已达4 815篇,其中涉及村落保护的达527篇(该数据统计截至2020年2月21日)。这还不包括书籍与组织文件,以及在1999年"中国知网"建立前未加以整理出来的资料。由此看来,我国关于村落保护的研究日趋完善。原因大概有以下三点:第一,古村落这个概念在国内学术上有明确的指向。在2012年国家颁布《关于开展传统村落调查的通知》(以下简称《通知》)中认定,"传统村落是指村落形成较早,拥有较丰富的传统资源,具有一定历史、文化、科学、艺术、社会、经济价值,应予以保护的村落"。并且,将其细化为三点:一是

---

① Ute Mager, "The UNESCO Regime for the Protection of World Heritage". In: A. von Bogdandy et al. (eds.), *The Exercise of Public Authority by International Institutions*, DOI: 10.1007/978-3-642-04531-8_12. Springer-Verlag Berlin Heidelberg, 2010.

② [意]卡洛琳娜·迪比亚斯:《〈威尼斯宪章〉50年》,舒杨雪译,载《建筑遗产》2016年第1期。

传统建筑风貌完整；二是选址和格局保持传统特色；三是非物质文化遗产活态传承。[1] 第二，村落研究自民国时期以来，或者准确地说，自近代中国开始现代化进程以来，就受到了知识分子不同程度上的关注。这自然就构成了我国文化传统的一部分。正如上述《通知》所定性的，"我国传统文化的根基在农村，传统村落保留着丰富多彩的文化遗产，是承载和体现中华民族传统文明的重要载体"。第三，村落保护研究主要凸显出我国飞速工业化过程中对现代性文明下的城乡二元社会结构的冲突、传统文明与现代文明相融合的缝隙。事实对象、传统文脉和问题严重构成了我国古村落保护研究的学术繁荣。

就古村落保护研究来说，按照历史过程来说大概可分为20世纪80年代的零星阶段、90年代的起步阶段、千禧年的兴旺阶段、2010年以来的繁盛阶段，接下来应该是攻坚阶段了。但是，按照问题研究状态来看，它依然表现在保护理论、保护实践、保护策略三个层面，阐述如下。

（1）从保护理论上看，国内研究多从价值评估上给予阐述，而忽视从历史理论上给予阐明。这也就是说，只是把为什么要保护古村落的问题停留于历史价值、艺术价值和社会价值的主观回答上，而不能将其推及到历史保护的必然性与普遍性的回答上。正如有学者总结1990年以来我国研究古村落保护的文献，在其展望中指出，"个案研究较多，理论升华不足，需要建构一套相对完整的理论研究框架"[2]。但是，甘子成的博士论文《基于马克思主义精神生产理论的非物质文化传承与发展研究》就显示出对保护理论的

---

[1] 参阅"中华人民共和国住房和城乡建设部文件"，http://www.mohurd.gov.cn/wjfb/201204/t20120423_209619.html.

[2] 李久林、储金龙：《1990年代以来中国传统村落研究知识图谱——来自 CiteSpace 的佐证》，载《小城镇建设》2019年第12期，第17—23页。

追问,即使他并未阐述清晰,但其文基于精神生产是人类本质属性的集中体现,是社会全面生产的子系统,来认识非物质文化遗产必以历史环境为基础、以社会力量为驱动、以内生力量为作用,是社会发展必不可少的组成部分①。这种思考正是当前古村落保护理论形成的可能性。另外,朱启臻和芦晓春发表的《论村落存在的价值》也触及了古村落保护理论的基础,其文告诉人们,村落的存在是人类社会发展的必然基础,任何一种违背村落自身存在规律的做法就必然产生无益于社会发展的问题②。虽然他们并未阐述村落保护问题,但其认识正好是古村落保护理论的根据。

第一,对历史保护观念的研究。对村落保护观念的阐述,最具代表性的观点是学者冯骥才提出来的"传统村落是另一种文化遗产",并以此与物质文化遗产、非物质文化遗产相并列。"它兼有着物质与非物质文化遗产,而且在村落里这两类遗产互相融合,互相依存,同属一个文化与审美的基因,是一个独特的整体"。因此,"传统村落的遗产保护必需是整体保护"③,这种理解是独特的。其实,我国村落保护观念从20世纪80年代起就开始萌芽,主要表现在个别有胆识的人身上,如阮仪三教授力保古镇古村落,但他是从建筑学的视角看待保护观念的,认为"留存古建筑是为了研究借鉴,创造我们的新建筑"。由此,他被称为"古城卫士"。到了90年代,从事人文地理学与文化学研究的学者们

---

① 甘子成:《基于马克思主义精神生产理论的非物质文化遗产传承和发展研究》,博士学位论文,华南理工大学,2019年。

② 朱启臻、芦晓春:《论村落存在的价值》,载《南京农业大学学报(社会科学版)》2011年第1期,第12—17页。

③ 冯骥才:《传统村落的困境与出路——兼谈传统村落是另一类文化遗产》,载《传统村落》2013年第1期,第4页。

也开始研究古村落保护。譬如，刘沛林先生特别关注古村落的人文空间，他认为，"中国古村落崇尚自然、追求和谐与稳定的聚居空间，表现出一种典型的东方式的人居思想与人居文化"[①]。接着，有的学者从生活构成上认为，古村落是人类聚集、生产、生活和繁衍的最初形式，在历史演进中依然保持着村落环境、建筑、历史文脉、传统氛围；有的学者从时代变迁上认为，古村落是指民国时期以前建村、保留了历史沿革中的建筑环境、建筑风貌、村落选址以及独特的民俗民风的村落；有的学者从中国整个传统历史进程上看，古村落是中国文化遗产的重要组成部分，大体上反映了中国民风和民俗，以及农村社会构成、村落环境布局、传统历史文化；有的学者从精神文化传承上认为，古村落是一个自然的社会单元，也是物质与文化的综合体，是民族民间文化的重要载体，是不可再生的文化资源；等等[②]。正是这些认识不断地促成我国村落保护观念的形成。但人们还会问："为什么在文化遗产领域，中国人渴望世界的认可，而法国人则认同民族（国家）和地域（欧洲）？"[③]这个问题背后就表现出我国对究竟什么是文化遗产的核心理念还不够自信。因此，有许多学者向西方学者寻求解释古村落保护的观念。譬如，从社会记忆、文化景观、织补理论、认知地图、共同体、传播学等西方理论入手来重塑古村落保护

① 刘沛林：《古村落——独特的人聚文化空间》，载《人文地理》1998年第1期，第34—37页。

② 参阅刘沛林：《古村落——和谐的人聚空间》，上海三联书店1997年版；朱晓明：《试论古村落的评价标准》，载《古建园林技术》2001年第4期；何重义：《中国古村——引言》，载《中国传统民居与文化——中国民居第七届学术会议论文集》（第七辑），山西科学技术出版社1999年版，第208页；罗杨：《古村落——"天人合一"的瑰丽画卷》，载《中国艺术报》2012年4月13日。

③ 李军：《什么是文化遗产？——对一个当代观念的知识考古》，载《文艺研究》2005年第4期，第124—131页。

观念^①。

第二，对历史保护价值的研究。在解释为什么要保护古村落的问题上，不管是自上而下还是自下而上的保护者，都是要以"价值"为说服点。因此，从国家层面上达成以"历史价值、艺术价值和科学价值"为原则的保护评价体系，一开始受到学者们的辩护和解释，而后却出现了反思与批评的意见。譬如，仇保兴在《中国古村落的价值、保护与发展对策》中就根据这个评价体系，解释了古村落保护的价值乃在于它在自然环境、空间逻辑、组织结构和社会形态上体现出中国古文化和农耕文明的遗产^②。然而，朱晓明就反思这种评价体系，认为它"只是满足了冷冻保存的一些结果"，而不能"满足生活需要，而且对未来的更新也应具有发展的潜力"。他从历史价值、基础评价和居民意向来做评估^③。后来，《关于开展传统村落调查的通知》就把三种价值的体系扩展到历史、文化、科学、艺术、社会、经济价值等方面，这看起来很全面。有的学者将其概括为马克思主义唯物史观的指导^④；有的学者为此具体到五个方面：历

---

① 参阅王云庆、向怡泓：《从社会记忆角度探索传统村落保护开发新思路》，载《求实》2017年第11期；张帅奇：《文化记忆视阈下古村落的符号象征与传承表达》，载《汉江师范学院学报》2019年第1期；陈钰等人：《基于传统文化景观概念的传统村落保护方法研究》，载《城市规划建设理论研究（电子版）》2019年第8期；王雅琦、汪兴毅、管欣：《基于织补理念的传统村落保护发展规划研究——以定远县黄圩村为例》，载《小城镇建设》2019年第12期；谭辰雯、李婧：《基于认知地图的传统村落保护方法创新研究》，载《小城镇建设》2019年第9期；蔡磊：《中国传统村落共同体研究》，载《学术界》2016年第7期；丛桂芹：《价值建构与阐释——基于传播理念的文化遗产保护》，博士学位论文，清华大学，2013年。

② 仇保兴：《中国古村落的价值、保护与发展对策》，载《住宅产业》2017年第12期，第4页。

③ 朱晓明：《试论古村落的评价标准》，载《古建园林技术》2001年第12期，第4、53—55页。

④ 刘锡诚：《试论非物质文化遗产的价值判断问题》，载《民间文化论坛》2008年第6期，第23—29页。

史悠久性、保护完整性、建筑乡土性、环境协调性和文化传承性。[①]但是,当人们转向他国对古村落保护的分析与借鉴时,学者们则更多地揭示出生态性、审美性以及人的价值[②]。

(2)从保护实践上看,国内研究是相当丰富的,因为古村落保护不但成为国家文化策略,而且成为学术热点。正如史英静在文中所总结的那样,我国古村落保护提供了"中国方案",由三点构成:一是以发展促保护,以创新谋发展;二是多元素立体保护发展,多主体参与协同共进;三是激发保护内生动力,创建对文化的体验。[③]具体地说,可以从两个方面加以陈述。

第一,对实践方法的研究。从现有文献看来,实践方法研究主要体现出四种路径:一是以建筑学为中心营造人居空间为指向。这是我国古村落保护运动的最早一种方式,也是至今保护中的主导方式。从阮仪三到罗德胤都是走这条路径;二是以民俗文化学为中心营造人文景观为指向。这是人文学者认识古村落作为文化遗产应加以保护的实践路径,从冯骥才到蔡磊等主要挖掘古村落作为中华传统文化及其生活方式之传承载体的意义;三是以人文地理旅游资源为中心营造景点规划为指向。这是围绕经济建设为中心的发展路线,以利于古村落保护获得相当大的资金来源,从社

---

① 参阅程堂明在《村落·融合·创新·共享——中国传统村落保护发展笔谈》中的发言,载《小城镇建设》2019年第12期,第11页。

② 参阅万婷婷:《法国乡村文化遗产保护体系研究及其启示》,载《东南文化》2019年第4期,第12—13页;吴唯佳、唐燕、唐婧娴:《德国乡村发展和特色保护传承的经验借鉴与启示》,载《乡村规划建设》(第6辑),第98—112页;刘景华、亓佩成:《欧洲乡村研究在我国的新推进》,载《湘潭大学学报(哲学社会科学版)》2019年第4期,第169—176页。

③ 参阅史英静:《从"出走"到"回归"——中国传统村落发展历程》,载《城乡建设》2019年第22期,第6—13页。另参阅安德明:《非物质文化遗产保护的中国实践与经验》,载《民间文化论坛》2017年第4期,第17—24页。在文中称"中国经验"——民族文化主权意识的持续传承和不断增强。

会效益来说是相当成功的,但并不是所有的古村落都适宜于旅游开发,其实,经济发展也不是保护古村落的最终目的。从刘沛林到伽红凯等都揭示出古村落保护路径大都是以经济学为视野;四是以博物馆学为中心营造历史的原真性为指向。这种保护路径兴起于博物学家,但引发了艺术学家的兴趣,从中看到了生态理念、艺术珍藏理念、人类学理念。[①] 然而,这些实践方法是否就解决了古村落保护问题呢? 未必。正如阮仪三所看到的,现今古村落保护所突显的问题是"空心化"[②]。如是,这就暴露出我国古村落保护仍然是任重道远的。

第二,对实践对象的个案研究。我国对个案研究是应有尽有的,从南到北、从东到西,都会烙下学者们的研究痕迹。自1999年6月召开中国古村落保护与发展首届研讨会,到2000年安徽西递村与宏村作为皖南古村落申请世界文化遗产名录成功,再到2003年政府颁布《中国历史文化名镇(村)评选办法》,古村落研究在我国学术界就兴旺起来,到2012年政府宣布调查古村落的通知以来,全国就展开了寻找最美古村落的自上而下的运动,同时也成为一批有志人士的终身事业。譬如,对徽州古村落保护的研究、贵州古村落保护的研究、湖南古村落保护的研究、四川古村落保护的研究、浙江古村落保护的研究,等等。从"中国知网"上看,最早明确提出古村落保护的研究文献是1989年何重义的《楠溪江风景区古村落保护与开发探索》,主张保持原有格局、修复古建筑、改善乡土环境、突出旅游主题[③]。当然,阮仪三应该是现代意义上最早

---

① 中国第一座生态博物馆是贵州省的梭戛苗族生态博物馆,成立于1998年。参阅金露:《生态博物馆理念、功能转向及中国实践》,载《贵州社会科学》2014年第6期,第46—51页。

② 阮仪三:《传统村落,未来在哪里》,载《第一财经日报》2020年2月4日,A12版。

③ 何重义、业祖润、孙明、孙志坚:《楠溪江风景区古村落保护与开发探索》,载《北京建筑工程学院学报》1989年第2期,第28—34页。

发起古村落保护运动的重要人物,其研究范围就有江南六镇:周庄、同里、角直、乌镇、西塘、南浔,以及山西平遥、云南丽江等著名古村落。但是,从这些古村落保护结果来看,基本上都是以旅游开发为引擎。因此,十年后何重义就反思这种以开发旅游为目的的古村落保护路径,认为这其中必然会丧失古村落文化文脉,从而丧失保护的意义,应该以古村落文化为保护目的,辅助以旅游。这种思考虽然浅显,但为我国以古村落保护为目的敲响了警钟。随着国外新观念的引入,这就出现了许多使用新型路径来研究古村落保护的案例。譬如,谭辰雯和李婧应用最前沿的认知理论研究了浙江兰溪市的黄潜村和北京市门头沟区的马栏村的保护方法,指出基于"认知地图"理论,使得"村民对村落空间进行重新赋值评价,唤回村落原本的居住和使用价值,从而发现村内更为多样化、特质化和整体化的生活性空间场景,……实现其真正的特色化保护"①。无疑,这修正了那种千篇一律追求经济价值的保护路径。正如学者徐春成、万志琴指出古村落保护既有思路的三种检讨:一是"旨在保护民居、文物性建筑的思路检讨";二是"旨在旅游开发的思路检讨";三是"旨在村庄整治的思路检讨"。接着又提出古村落保护的四种应有思路:一是"研判传统村落保护对象是居住者的财产和生活方式";二是"传统村落保护需要征得居住者同意";三是"传统村落保护应该以基础设施改善和生态保护为前提";四是"传统村落的旅游开发须适度"。②因此,保护实践工作

① 谭辰雯、李婧:《基于认知地图的传统村落保护方法创新研究》,载《小城镇建设》2019年第9期,第78—84页。
② 徐春成、万志琴:《传统村落保护基本思路论辩》,载《华中农业大学学报(社会科学版)》2015年第6期,第63—69页。这种思考还见吕舟:《从第五批全国重点文物保护单位名单看中国文化遗产保护面临的新问题》,载《建筑史论文集》(第16辑),清华大学出版社2003年版,第198—209页。

在我国依然还期待着完善。

（3）从保护策略上看，我国古村落保护策略研究主要表现在对不同国家的保护策略的研究与对国际性组织文件的研究上。

第一，对不同国家的保护策略研究。虽然我国古村落保护研究是史无前例的，在全球中也是最兴盛的，但这种研究还是迟于西方列国，因此，随着保护研究的深入，我国学者越来越关注其他国家的保护制度及其保护运动。有的学者通过与其他国家保护实践进行对比，探究古村落保护发展过程中的理论性向导，并结合当前古村落保护的现实问题提出策略[①]；有的学者研究德国古村落保护策略以做出对应性的思考[②]；有的学者研究法国村落保护运动以提供新型的保护策略[③]；有的学者研究英国村落保护运动以把握保护的核心理念[④]；有的学者研究日韩村落保护机制以借鉴保护策略[⑤]，等等。这就丰富了国内学者对待古村落保护

---

① 韩沛卓、马晨曦：《中国传统村落保护的西方经验及现实问题》，载《建筑与文化》2019年第7期，第43—44页；金露：《生态博物馆理念、功能转向及中国实践》，载《贵州社会科学》2014年第6期，第47—52页。

② 黄一如、陆娴颖：《德国农村更新中的村落风貌保护策略——以巴伐利亚州农村为例》，载《建筑学报》2011年第4期，第48—52页；赵雨亭、李仙娥：《德国历史建筑保护的制度安排、模式选择与经验启示》，载《中国名城》2017年第2期，第80—84页。

③ 童威、鲍颖：《法国古村落民居的活态化保护经验及借鉴研究——看科西嘉古村Gaggio如何避免"空心"留住"乡愁"》，载《现代装饰理论》2017年第2期，第161—162页；万婷婷：《法国乡村文化遗产保护体系研究及其启示》，载《东南文化》2019年第4期，第12—13页。

④ 李建军：《英国传统村落保护的核心理念及其实现机制》，载《中国农史》2017年第3期，第115—124页；赵紫伶、于立、陆琦：《英国乡村建筑及村落环境保护研究——科茨沃尔德案例探讨》，载《建筑学报》2018年第7期，第121—126页。

⑤ 赵夏、余建立：《从日本白川荻町看传统村落保护与发展》，载《中国文物科学研究》2015年第2期，第42—47页；刘志宏：《西南少数民族特色古村落保护和可持续发展研究——基于韩国比较》，载《中国名城》2019年第12期，第59—66页；刘志宏、李钟国：《传统村落入选UNESCO世遗名录现状与分布探析——以中国、韩国和日本为例》，载《沈阳建筑大学学报（社会科学版）》2017年第2期，第18—24页；张姗：《世界文化遗产日本白川乡合掌造聚落的保存发展之道》，载《云南民族大学学报（哲学社会科学版）》2012年第1期，第31—37页。

策略的理解。王国栋在2018年梳理了国内外传统村落保护与活化研究进展,提出政府推动和居民参与下的发展与保护观点,指出发展乡村旅游对传统村落的活化更新具有重要意义①。因此,关注于其他国家关于古村落保护政策的研究也为我国村落保护政策提供了相应的借鉴。然而,对国外保护理论的研究相对薄弱。

第二,对国际性组织文件的研究。从我国古村落保护运动的兴起背景来看,主要回应了国际性保护运动的兴起,特别是世界文化遗产名录工作的开展吸引了我国文化工作者的注意力。然而,我国对国际性文件的研究常常处于解释与应用阶段,难以从理论上加以突破。譬如,对保护本质的认识也是基于联合国教科文组织的文件来解答,提出"ICH树"理念也是基于生态理论②。对国际性保护理论的研究,譬如《威尼斯宪章》与《保护世界自然与文化遗产公约》的比较性意义③,反思文化遗产这一概念的内涵与外延问题,同时指出这一概念的欧洲文化背景④。

当然,我国在古村落保护研究中也逐步形成了自己的一套理论实践体系,尽管都是面对着国际文化遗产名录、面对着国家

---

① 王国栋:《国内外传统村落保护与活化研究进展》,载《闽江学院学报》2018年第3期,第51—59页。

② 贺学君:《非物质文化遗产"保护"的本质与原则》,载《民间文化论坛》2005年第6期,第71—75页;贺夏蓉:《基于"ICH树"理念的假设对非物质文化遗产保护的启示》,载《民间文化论坛》2010年第1期,第58—63页。

③ 汤晔峥:《国际文化遗产保护转型与重构的启示——从ICOMOS的〈威尼斯宪章〉到UNESCO的〈保护世界自然与文化遗产公约〉》,载《现代城市研究》2015年第11期,第47—55页。

④ 晁舸:《文化遗产名实问题初步研究》,硕士学位论文,西北大学,2010年;李军:《什么是文化遗产?——对一个当代观念的知识考古》,载《文艺研究》2005年第4期,第124—131页。

政治经济发展的目标,但有着其内在的逻辑。从费孝通的乡土中国理论到现在的新农村理论,都凝聚着村落文化的积极建构作用。正如当今由冯骥才所牵头的中国传统村落研究中心无不在竭力地保护古村落的原真性与原生态,守住四个"原则":"第一个传统村落的原始格局不能变,第二个经典民居和公共建筑不能动,第三个非物质文化遗产的原生性是不能改变的,第四个地域个性的特征不能同质化。"[①]这就形成了"政府主导、社会参与,明确职责、形成合力;长远规划、分步实施,点面结合、讲求实效"的保护体系[②]。

三、研究的问题及其内容

国内外古村落保护研究促使人们更加认真地看待当今全球的村落保护与发展的前途。在全球化运动中人类社会对文化意义的追求日益成为文明的冲突,然而,人类社会究竟要以意义均质、单一的文化为文明理想,还是要以意义丰富、多样的文化为文明追求呢? 一个国家究竟要如何对待自身的传统而不失其精神品质,如此为人类社会提供丰富多彩的文化享受呢? 其中,古村落保护研究就构成这些问题得以解释的路径之一。

1. 研究问题

从古村落保护的理论、实践与策略综合考察当前古村落保护研究的状况,至少获得如下认识:第一,我国古村落保护研究中还有待深入的理论研究,以便正确地理解国际性保护组织文件的精

---

① 冯骥才:《守住底线,遵循科学,和谐发展,来保护住中华民族的文明家园——在首期中国传统村落保护发展培训班上的讲话》,载《工作通讯(内部)》2016年第4期,第3—10页;蒲娇、姚佳昌:《冯骥才传统村落保护实践与理论探索》,载《民间文化论坛》2018年第5期,第74—83页。
② 中国民族民间文化保护工程国家中心:《中国民族民间文化保护工程普查工作手册》,文化艺术出版社2005年版,第2—3页。

神,由此建立起自身保护理论,能够深入到必然性与普遍性的要求中,而不是一种行动方案或政府行为。这就要建立起保护理论的形而上学层面,基于人性基础来追问保护的本质意义;第二,古村落保护研究如何展示文化遗产的多样性与时代性不但是国内研究的缺陷,而且是国外研究的缺陷,需要摆脱欧洲文化优越性的理论框架,追问地方性文化在全球中的绝对性意义,但又能脱去蒙昧主义的面纱。这是期待我们进一步研究的课题;第三,我国古村落保护研究中存有政绩及经济目的的诱惑,而有点偏离了为人类未来建构历史真实性的保护作用。其实,任何村落随着环境演变而自然消亡是天经地义的,没有消亡也就没有记忆,也就没有真正的保护意义。因此,保护的本质并不是为了经济,也不是为了政绩,而是为了这里存在的人性精神的建构,朝向继往开来的希望,这是永恒之美;第四,我国古村落保护研究大多偏向经济动机和政绩动机,而忽视了审美动机。然而,古村落保护的真正动机往往是出自一种人与自然和谐相处的人文景观,一种崇高美感的再现。鉴于此,本书以艺术经验论为诉求,来深入研究古村落保护理论与实践问题。

2. 研究内容

本书主要从艺术经验论上重新阐明古村落保护理论与实践策略,由此揭示古村落中当地的艺术类文化遗产(简称"古村落艺术")在古村落保护中的重要地位与作用①。研究的内容主要集中反

---

① 本书中所用的"艺术类文化遗产"乃是指以艺术的表现形式体现在非物质文化遗产与物质文化遗产中的文化遗产种类。这个概念就其内涵来说,可称为"艺术资源",指那些有关艺术的文化资源,既包括有形的,又包括无形的文化表现形式。这种艺术资源在古村落保护中主要表现为那些还不断地构建村落文化活力和意义世界的东西,由此我们把它简称为"古村落艺术"。就其内容上来说,它可等同于"民间艺术"所包括的内容,但就其范围来说,它主要指向古村落中所存留的艺术表现形式。因此,就本课题研究对象而言,在后文中主要使用"古村落艺术"这个术语来指明"艺术类文化遗产"这个概念。

映在湖南省板梁古村落这个案例上,以便做到有的放矢,有理可循。

现今研究板梁古村落保护文献主要集中于建筑学、人文景观上。如研究板梁古村落的聚落格局、空间形态和建筑单体,民居生态技术,水系景观空间,公共空间体系等问题[①]。另外,关于板梁古村落艺术资源的研究主要分布在建筑上的木雕、装饰与彩绘艺术上。有的学者认为,板梁古村落的民居木雕装饰艺术蕴含了丰富的美学资源,体现了人与自然、宗族伦理与艺术审美的和谐,展现出既有中国传统朴素的审美情趣,又具有实用和理性价值观的地域文化艺术[②]。有的学者认为,板梁古村落的民居彩绘,其装饰部位、题材都是围绕儒家思想中的"礼"与道家思想的"天人合一"展开,"礼"是外在的强制性的政治制度,"仁"是人们内心的道德潜能,它是一种人的情感性的心理原则或人格哲学[③]。然而,从整体性上把握板梁古村落艺术类文化遗产在保护上的意义及其实践问题并未得到很好的展开。如果说保护是一种遗忘记忆功能的复活,那么,保护就意味着被保护对象能适应时代的发展,并能获得其应有的地位和作用,指向人类继往开来的生活希望。

板梁古村落是一片至今仍存有许多明清时期风格的建筑群,

① 李哲:《湖南永兴县板梁村建筑布局及形态研究》,硕士学位论文,湖南大学,2007年;黄智凯:《湘南传统聚落水系景观空间研究》,硕士学位论文,中南林业科技大学,2008年;周婧:《湘南板梁古村传统民居生态策略研究》,硕士学位论文,中南大学,2013年;唐小涛:《我国新农村建设与古村落保护利用研究》,硕士学位论文,湖南师范大学,2012年;姜敏:《传统村落的公共空间体系构成与当代演变——以板梁村为例》,载《住区》2019年第5期。

② 杨蓓:《湘南民居木雕装饰艺术——以郴州板梁古村为例》,载《创作与评论》2013年第22期;赵玲、陈飞虎:《湘南传统民居装饰的儒学教化——以郴州板梁古村为例》,载《装饰》2017年第1期;李柏军:《郴州板梁古村民居的建筑装饰艺术特征》,载《艺海》2017年第5期。

③ 李徽莹、张轶群:《板梁古村民居彩绘的艺术与文化研究》,载《中外建筑》2019年第7期。

附有各种各样的装饰、木雕、彩绘等艺术精品。地处湘南,倚山环水,随坡造势,聚落形态完美。板梁古村落是单姓氏族聚居的村落,深受中原文化与岭南文化的双重影响,营造出独特的湖湘文化,保存着中华汉族家族式的原生态民俗风情。在城市化进程加速、新农村建设的不断推进下,板梁古村落虽然被记录在我国第五批传统村落名单中,但也面临着现代生活方式的影响,原有的建筑格局、家居条件、礼仪风俗和文化遗产都受到了村民内心的质疑。虽然它受到了国家的保护,建立起修缮、保护和传承等制度,但究竟如何使得村落文化有益地被保存下来,并能激活当下人们对现代生活方式的回应呢?

对此问题的回答方式,现今主要有两种:一是以经济开放为理念,用经济增值来评估板梁古村落存在的意义。但这已引发了对潜在地文化遗产的掠夺,而丢失一部分看不出其经济价值的遗产。这就是学者们常说的"建设性破坏";二是以政绩偏好为导向,建立起行政管理模式。但这已引发了古村落居民的长期依赖感,久而丧失维护村落原生态的心理诉求,要么搬离村落,要么改善居住条件,建立起现代居家风格。这就是学者们担忧的"空心化"现象。因此,这两种回答方式都遇到了其自身的困境。为此,本课题尝试以审美价值为理念,重构古村落保护理论与实践策略,以回答经济开发与政绩偏好不能很好回答的问题,揭示古村落自身存在的内在规定性,依其本性而保护之。

四、理论背景及研究方法

研究的理论背景主要采用来自美国哲学家、美学家杜威的艺术经验理论,以及艺术人类学理论与当代的文化认同理论。杜威在《艺术即经验》中提出经验性是艺术的表现,艺术并不是一种物体的集合。另外,伽达默尔的《真理与方法》、阿诺德·贝林特的

《艺术与介入》、雅克·马凯的《审美经验——一位人类学家眼中的视觉艺术》、查理德·舒斯特曼的《实用主义美学》、霍华德·S.贝克尔的《艺术界》、罗伯特·莱顿的《艺术人类学》、汉斯·罗伯特·尧斯的《审美经验》等著作,都讲到了艺术经验与人类社会生活的内在关系,使得艺术的构成趋于一种生活建构,而不是一种艺术家单纯的创作。这种认识必然触及社会认同理论对艺术作品形成的作用,以及对艺术价值的欣赏。因此,借助于当代一些认同理论,如怀特的《文化科学——人和文明的研究》、塞缪尔·亨廷顿的《文明的冲突与世界秩序的重建》等著作,阐述古村落保护中的文化冲突与融合问题。

本书研究方法主要根据研究理论加以展开,由个案研究法、田野调查法和体验式研究法所组成。

1. 个案研究法

其重点在于研究者深入具体案例中,对其研究对象加以表现出来,达到"解剖麻雀,以小见大"的认知程度。正如费孝通所说,"让我们注意到的并不是一个小小的微不足道的部落,而是世界上一个伟大的国家"[①]。湖南板梁古村落是本书研究对象,在于它蕴含了丰富的艺术类文化遗产,现今尚处于期待着得以更好保护的状态。通过这个案例研究更能让人们理解到审美价值在古村落保护理论中的重要依据。

2. 田野调查法

古村落艺术总是作为活态而存在,一切物质要素都只能在其生活方式中展现其文化意义,给人类社会启发出一种生活的多样性和愉悦性。因此,要将这种意义呈现出来,必然要借助于田野调

---

① 王永健:《新时期以来中国艺术人类学的知识谱系研究》,中国文联出版社2017年版,第39页。

查方法,在活态语境中发现村落文化遗产的价值,发现它的意义、象征与运作方式。通过对湖南板梁古村落的实地调研,采用实地调查、参与性观察、问卷与访谈等田野调查方法,系统了解古村落的空间格局、历史沿革以及物质和非物质文化遗产的文化生态,了解古村落保护面临的现实问题与存在的隐患,从而追溯到对古村落文化重新认识的重要性。同时访谈不同年龄段的村落居民、政府工作人员、旅游工作者以及来此研究的学者,并有针对性地对板梁古村落的建筑装饰艺术进行深入调研。

3. 体验式研究法

研究者以“第一人称”的方式进入研究对象,去理解它存在的方式与意义,借助于生活去感触它的一切表现形式,特别在艺术人类学的启发下,进入到古村落艺术作品的形成过程中,理解其艺术的人性基础和无法雕刻于艺术作品中的情感表达方式,从而认识到古村落艺术不仅是一种新奇的创作,更是一种生存希望的诉求。

因此,古村落的存在,并不意味它是一种被获取信息的对象,而是生活者的参与。这样,一方面将理论与实践相关联,打破对象的界限,使研究中的科学方法和经验认知得到有效的结合;另一方面通过参与古村落生活实践,领悟古村落艺术的审美经验,建立起文化认同,从中揭示古村落艺术保护的重要性。

第一章 板梁古村落的人文地理概况

虽然板梁古村落被列入我国第五批古村落保护名录中,但它呈现出来的研究价值并不低于其他古村落,这不但取决于它的悠久历史,而且取决于它的文化价值。它从元明清时代遗留下来的文化特征依旧显著,这对当今人们理解中华民族精神文化传统大有裨益。为了研究板梁古村落保护问题,首先让我们来阐明它的人文地理概况。

第一节 板梁古村落的地理风貌

一、湘南行政地区简况

板梁古村落现今处于湖南省郴州市永兴县内。湖南因地处洞庭湖以南而得名,又因省内有长江最大的支流湘江贯穿,故简称"湘"。湖南省内根据不同的地区差异,分为:湘北、湘南、湘中、湘西、湘东五大地理区域。据统计,湖南省古村落分布首先在湘西,占总量的37.62%;其次在湘南,占总量的33.66%;其余在湘中,占总量的22.77%;在湘北和湘东就比较少了。从图1-1可以看出,湖南古村落分布密度较大的是在湘西土家族苗族自治州和怀化市,以及湘南邵阳、郴州、永州的次级核心区。

湖南西部和南部是山区地形。南部由大庾、骑田、萌渚、都庞和越城诸岭组成南岭山脉,使其地形险要,森林覆盖浓厚。这造成了很大程度上的交通不便，阻碍了当地经济的发展，但另一方面却让古村落保存得比较完整，较少地受到外界干扰，甚至在战乱时期它就成为避乱的好地方。

湘南地区包括衡阳、郴州和永州三个市，有着丰富的民俗文化，是汉族与少数民族杂居的地区。"郴"字为郴州独享，意为"林中之城"。古时候，这里地处偏僻，交通落后，经济更不发达。其地理环境正如一首民谣："船到郴州止，马到郴州死，人到郴州打摆子。"独特的地理环境使得湘南地区至今仍保存着比较完整的古村落，也保留着丰富的自然资源，如大部分的原始森林和丰富的水资源。同时，因以南岭山脉为主要地形，又有丘、岗、平地等多种地形穿插分布，形成了阳光充足、雨热同期、温润潮湿的气候。因地理环境独特且自然资源丰富，居民大多都是就地取材，以当地的木、竹、砖石、土等材料建造房屋，有着浓厚的地区文化特色。因阳光和雨水充足，土地肥沃，在农业上形成了以水稻为主，其他经济作物为辅的多元生产制度。农作物耕作常为一年两季，产量较高，农民粮食基本上能实现自给自足。在当时是一种典型的自足自给的农业社会。

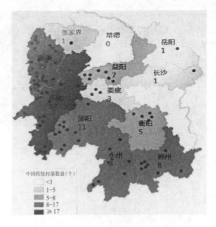

图1-1　湖南古村落分布图

资料来源:《湖南传统村落》,湖南省住房和城乡建设厅编

二、板梁古村地理位置及生态环境

从地图上看，板梁古村落位于东经112°42′50″—112°42′55″，北纬26°21′50″—26°21′45″。它有着优越的地理位置，现今距离郴州

图1-2 板梁古村平面图

资料来源：村委提供

市45公里，距永兴县城20公里，距京珠高速公路仅7公里，距107国道3公里。古村东边是高亭镇窝黄村，南街金坪村，西靠马田镇水源村，北边接壤的是马田镇。

整个古村（图1-2）地处丘陵岗地，背靠岭南山脉最北端的象鼻山，四周群山环抱、古木参天、山峦重叠、泉水淙淙、风景秀丽。村内植被丰富，以中亚热带常绿阔叶、针叶林为主，速生乡土树种有泡桐、香樟、茶树、杉木、马尾松等十余种。村辖面积5平方公里，是一个自然村的布局。森林覆盖率达96%以上，有生态公益林7 600余亩，农田1 100余亩，是一个以烟草、花卉种植和乡村旅游为主导产业的小山村。其中水田面积1 056亩，旱土面积198亩，林地面积3 246亩，19个村民小组，人口2 380人。

据板梁古村落的村支书刘智雄说，"以前村里面环境特别差，垃圾遍地、污水横流，就快失去古村的原貌了"。自2006年开发古村旅游以来，居民收入稳步增加，2016年居民年人均可支配收入达10 256元，生活质量不断提升：居民家庭住房面积达标率为67.1%；平均预期寿命为76.9岁，平均受教育年限为11.4岁；

贫富差距逐步缩小,收入差距逐步缩小;随着社会保障的不断改善,该村的基本养老保险覆盖率为98.4%,基本医疗保险覆盖率为100%;农村自来水普及率达80.8%,农村卫生厕所普及率达90.5%。可见,自2006年板梁古村落开业到2015年被列为永兴县唯一一家国家4A景区以来,村落环境和村民的生活都发生了很大的变化。

第二节 板梁古村落的文史沿革

一、村史渊源

在湘南村落中,人们大都"聚族而居",即以姓氏为单位,以血缘关系为纽带,建立起宗族聚居型的聚落群体。村落内部按血缘关系设有"坊",以巷道地段划分聚居单位,村落中大都有祠堂、堂屋等公共建筑,成为聚落的文化中心和精神空间。湘南地处偏僻,居民民风淳朴,有着多元的信仰,本地的湖湘文化与北方移民文化兼容并蓄,儒释道的主流文化与当地的世俗信仰文化交流融合,形成了丰富繁杂的多元信仰体系。

板梁古村落全村同姓同宗,是典型的湘南宗族聚落。自开村落以来,它就是一个有系统的家族组织,依靠伦理意识、血亲观念维系其稳定传承,保存了中华汉族家族式的原生态古村民俗风情。板梁刘氏是在宋元时期迁徙而来,传说他们是中山靖王刘胜的后裔,原居住在江西。在改朝换代的历史变革中,随着江西填湖广的迁徙大浪潮,迁徙到湖南省永兴县的洋塘乡凫塘村,再后迁址板梁。

在1993年版的永兴县志上记载着:"宋名臣刘式的后裔。其远祖世居江西吉安泰和县之鹅颈塘。"①《刘氏通谱》(图1-3)记载,

---

① 王明喜等:《板梁古村》,湖南人民出版社2013年版,第5—10页。

图1-3 《刘氏通谱》

资料来源：村委提供

刘氏之鼻祖富道公，"于宋南渡时由鹅颈塘宦游于郴州之永兴，誓云逢塘则止，适遇金陵乡四都之凫塘，乐其风土，遂定居安家凫塘"①。这就是说，富道公定居凫塘，除了自然风水外，还有一个是社会原因，即吉安当时处于战乱中，而永兴县处于乱后渐渐安定的状态。此时，富道公选择凫塘定居乃"谋定而后动"之举。后人认为，富道公弃旧地而宦游，乃有学养有追求之士；在宦游途中相山水、观人文而居，更是有丰富的地理景观知识、社会知识的人。这就是板梁开村鼻祖。

在历代先人们的迁徙开派的历程中，刘氏族人都有一种近似于共性的善于思考、思维开阔、勇于拼搏的精神。在宋元时期，永兴地荒人少，民风剽悍且多匪患，然而村民们却凭其慎思、聪慧、无畏的勇气居住此地，并繁衍发展。明末至清朝时期是"十户刘氏"②分支开村的盛旺时期。刘氏先人具有开阔的思维，鼓励儿孙开枝立业（图1-4）③，板梁由越八世荣卿、茂卿二公于元朝至正

---

① 王明喜等：《板梁古村》，湖南人民出版社2013年版，第5—10页。

② 《刘氏通谱》（1456）是曹琏为永兴"十户刘氏"撰写第一届族谱，提到富道公定居凫塘，花开三世后，四世祖安定公居于金陵乡三都之郎水；六世祖瑞辅公以子孙日众，徙居营盘里；至七世"子"字辈有后裔的明、芳、从、昌、恭、信、荣、贵、营、光，十公开派"十户"。

③ 参阅《刘氏通谱》（1456）、《板梁古村》（王明喜等：湖南人民出版社2013年版，第5—10页）在明末清初时期，一时间出现了开派立村的崭新局面：如永泰公开派大元第，永融公开派江陂头、城下洞，等等。至清朝中期，凡家有兄弟几个，成家之后，父辈们不是死守"四世同堂、钟鸣鼎食"的大家族荣耀，而是传承其先人"置产分支"，对儿孙大胆放手，任由择地立业，创立门户。

十八年(1358),析居板梁。从荣、茂二公开派板梁至今的六百余年间,板梁本埠形成了以"润公厅""茂公厅""贤公厅"三厅为中心的房族系统。按照水流走向,俗称为"上村、中村、下村"。以贤公厅为中心的一族即上村,以珍亮政(茂)公厅为中心的一族即中村,以润公厅为中心的一族即下村。整个村落至今仍保持着元末明清时期的传统建筑风貌。

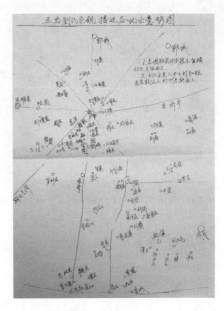

图1-4　五忠刘氏宗亲播迁各地示意图
资料来源:村委手绘,作者拍摄

从板梁刘氏的历史渊源来看,"十户刘氏"自富道公始,便有着开放治家的策略,培养刘氏子孙后辈独立思考、不畏艰难的开创精神。这笔可贵的精神财富也使得刘氏家族出现数以百计的重要人物,成就了板梁数百年的历史辉煌。

二、村落空间布局

板梁古村落背靠岭南山脉最北端的象鼻山,面前板溪绕村而下,视野开阔,负阴抱阳,藏风聚气。整个古村建筑充分运用中国传统风水学原理"枕山、环水、面屏",即与山水相映衬,枕山傍水,既得山泉溪水之便,又有青山绿树为屏。整个布局紧凑,浑然一体,规模非常宏大(图1-5)。

依祖厅而论,村落坐落朝向是坐东南朝西北以,宗祠为中心,建筑格局根据父子、兄弟的家族关系建造,纵向向后,横向左右延伸,

图1-5 板梁古村落全景图

体现着宗法家族和血缘关系。村口有七层古塔，村内石板桥连通大街小巷，目前村内的龙泉庙、松风私塾、望夫楼、古钱庄以及亭、阁、轩等古建筑保存齐全，古井双龙泉水系布局精巧，更有神龟石、莲花石座等自然景观的浑然天成。村中半月塘、天井、泉井和房屋"地圆天方"的构造以及精美绝伦的建筑装饰艺术既体现着神工意匠的境界，更是"和谐共处""天人合一""道法自然""有规有距"的生动体现。可以说，村庄选址及格局完全符合人居环境的实际需要，是宜居环境的绝佳之所，也是传统风水学择地的例证。

三、宗族文化缘起

1. 宗祠营造

宗祠是"祖宗崇拜"信仰文化的物化体现，也是祭祀文化的延续和衍化的中心机构。"祖宗"一词原本有着不同祭祀礼仪的内涵。譬如《礼记·祭法》上记载："有虞氏禘黄帝而郊喾(kù)，祖颛顼(zhuān xū)而宗尧。"所谓的禘是指祭昊天之神于圜丘，所谓的郊是指祭上帝于南郊。所谓的祖是指宗庙中祭始祖,所谓的宗是指宗庙中祭德高之祖。但现在,"祖宗"一词已成为祖先的一般称呼①。永兴县古金陵地区把分支房系与民居连在一起的祠堂叫作祖厅,也就是当地的宗祠。因此,板梁人的宗祠就成为敬拜祖先的村落中心。

整个板梁全村分"上、中、下"三片房系,有360多栋古民居连片。每片房系分别建了三座祠堂,各有两进,超一千平方米的大厅,祠前各挖了个半月塘,寓"月满则亏,水盈则溢"之意。三片、三祠、三塘,也寄寓"三生万物"的意味。从现今看来,这种景观设计不仅寓意深邃,还让山水自然交融,使人身处其中倍感赏心悦目。

纵观三个宗祠是按照地势高低而定的,厅中都有齐墙敞开式的大天井,厅正堂设神龛,神龛上供奉着各房系的基祖,神龛下方设土地神位(土地公公和土地奶奶的神像),每个厅前都有一个用青石砌成的半圆形的月光塘。

上宗祠为"贤公厅"(图1-6),为刘茂卿的后裔刘德贤所建,是茂公的分支,因贤公的儿子刘宗琳捐粮有功,誉为官厅,曾获得过明朝廷圣旨褒奖,誉为"旌(jīng)表义门",也因此更显雄伟典雅。

中宗祠为"茂公厅"(图1-7),其厅门题额为"珍亮政公厅",其厅为刘茂卿之子珍、亮、政所建。

下宗祠为"润公厅"(图1-8),其厅为刘润公所建,因明朝天顺年间曾捐米救灾的义举,受到朝廷的表彰,赐润公为"正七品散官承事郎",允许其祖厅内置表彰屏,以肃观瞻。现今,此厅也称为"承恩堂"。据村民说,下宗祠的重檐歇山顶的文阁是21世纪初重建的。

三个祖厅内都有开敞式的大天井,比私宅要宽敞得多,使整个宗祠非常明亮,形成天地相连,浑然一体,既为大型的祭祀、庆典等

---

① 王明喜等:《板梁古村》,湖南人民出版社2013年版,第24页。

图1-6　上宗祠——贤公厅

资料来源：作者拍摄

图1-7　中宗祠——茂公厅

资料来源：作者拍摄

图1-8　下宗祠——润公厅

资料来源：作者拍摄

活动提供宽敞明亮的空间场地，又体现着天人合一的文化理念和"天圆地方"的宇宙观。这样的空间营造着族人对天、地和祖先神灵无上敬仰的氛围，以及寓意子孙后代要有开阔、包容的胸襟和广怀天下的胸怀（图1-9）。

　　因板梁居住的是同宗同族人刘氏家族，因此，宗祠就成为他们祭祀先人、商讨本宗族的重大事务、举办大型的庆典活动、对族人进行教育的综合性场所。在宗祠里，有着血缘亲情的同宗同族人，以忠孝为核心教导，充满着一种宗族的威严。宗祠文化讲究孝亲、血统、出身，以孝亲、修身、治国平天下的伦理观念教化族人。对维护族风、家风以及家族内部的稳定和谐有重要的作用。如三个宗祠正堂墙壁上都题有"忠孝廉节"四个大字

图1-9　祠堂外景

资料来源：作者拍摄

（图1-10），每个字都有一米多高。据村民说这四个大字是从长沙岳麓书院拓印的，所以与那里的原字一样大。如此大的"忠孝廉节"，让族人们谨记儒家文化的教导，也体现着其家族的强大宗法思想。

　　宗祠不仅是本族人商议及举办重大事务的场所，同时因其位于中心地段，场地宽敞，也就成了少年儿童平时玩耍的主要公共场所。在敬祭祖先仪式中耳濡目染，后人手捧敬香，顶礼膜拜，这种"血脉同源"的认知，就会像无形的磁场一样把他们的情感吸引至有形的环境中，各种隔阂、意见都能消除，各种亲情都能一次次被系紧。在潜移默化中，孩子们从小就受着威严的建筑及其各种庄严活动所带来的文化浸润，以及对天、地、人的敬畏。这种文化的

烙印就深深地根植于每个族人
的内心，不论走到哪里，只要回
想起宗祠，都会被这种血脉之
根以及对天地人之敬畏之心所
牵系。

2. 重商崇文

板梁古村落原是金陵县的
重要村镇，因其地理位置优越，
是桂阳、耒阳、常宁往返的商埠
之地，可以说自古便是经商要
道，村中有歌谣曰："下村板梁
私塾的朗朗读书声响起，金陵
古驿道上马蹄声阵阵。水上贸
易随板溪河而来，板梁男子踏
上从商之路。"商道街（图1-
11）用青石铺就，临街的店铺共

图1-10　墙壁上的"忠孝廉节"
资料来源：作者拍摄

有数十家，街道中间是青石横铺，长约一米有余，两边也是用一米
余长的青石镶边，边外连着水沟。经过过客数百年的踩磨，古村中
的古道仍保存完整，石面光洁，映射着岁月的沧桑。清朝中后期，
板梁人经商日益增加，货币流通日益增多，板梁人敏锐地抓住商
机，在中村开设钱庄，起到了积极的经济融资和生意汇通的作用，
促进了村中经济发展。

除了重商，板梁人更有"耕读为业，诗礼传家""读书明理修
道德"的传统。据村民说，本宗族先人们数百年来都坚守和传承
以文兴村、以德育人的优良传统。忙时耕种、闲时读书的儒家崇文
尚礼的思想成为当地社会风尚，以知书达理、遵法守纪、讲仁义、修
道德成为板梁人的做人准则和荣耀。如三个祖厅前都竖立着石头

图1-11　商道街

资料来源：作者拍摄

"闹子墩"，便是其见证（图1-12），现中、上宗祠的闹子墩仍保存完好，下宗祠已经被毁掉了。宗祠前面的闹子墩是为村中中举的人宣扬功名，竖立"龙虎旗"而安置的。只要考中举人，就有资格在祖厅前竖立一对闹子墩，它是读书人和习武人取得功名的标志物，给村中增添荣耀，同时也用此举激励后裔子弟们发奋读书、光宗耀祖、报效社稷。除此外，闹子墩还是一种名节的象征物，体现名节重于生命的价值观。一对闹子墩是中举人的坐标，一对闹子墩是读书人的荣耀。从板梁村现存闹子墩的数目来看，板梁古村落重文重教，文化气氛非常浓厚。据刘氏族谱记载，明清以来，村中考取进士11人、贡生49人、廪生365人、国学286人，出朝入仕百余人。

图1-12　闸子墩

资料来源：作者拍摄

第三节　板梁古村落的民俗风情

　　板梁古村落在其数百年的历史中，既传承了汉族传统节日的主流文化，又融入了独具地方特色的地缘风情，丰富着人们的生活，凝聚着家族之情。既有传统的岁时节令，如春节、元宵节、敬鸟节、清明节、端午节、中秋节等，又有着当地特殊的节日活动，如"周礼古宴"（图1-13），它也是板梁习俗中的亮点。板梁古村落中凡是红白事都要举行隆重的宴礼。这种"宴礼"是缘于周朝的《仪礼》，其中《仪礼·酒礼第四》中记载："乡饮酒之礼。主人就先生而谋宾、介。主人戒宾，宾拜辱；主人答拜，乃请宾。宾礼

图1-13　周礼古宴

资料来源：村委提供

辞，许。主人再拜，宾答拜。主人退，宾拜辱。介亦如之。"虽然此仪式常有时代的流变，但板梁人却还保留着这套礼仪的主要程式。整个宴礼融入了仪礼、说唱、音乐、美食为一体，有着以音乐佐酒、美味赏乐、酒乐化仪、仪礼化人的文化特征。

　　除了独具地方特色的"周礼古宴"，还有历史悠久的元宵"倒灯""舞狮子"等民间表演活动。元宵"倒灯"是指板梁人在元宵节时放荷灯、龙灯和倒灯，这也是春节临近结束最热闹的群众表演，表达了人们驱邪敬神、拜年贺岁的一种仪式。元宵节这天，村前的彩灯和荷花塘的荷灯沿着溪流和街道汇集连接到接龙桥，整个村落空中的彩灯与地面的荷灯映照在溪流中，就像一幅立体的星灯景观，绚丽壮观。而倒灯表演却更牵动着各家各户，也是整个村子最热闹的时候。此时,全村只见烟花璀璨,鼓乐齐鸣,成为村民最狂欢的时刻,和村民不能错过的精神大餐。

当然,板梁人的民俗风情中更是不可缺少美食的一面,按照古法制作流传悠久的传统食品,如手工腐竹、花模糍粑、虫茶、茶礼盒等。

一个地区的饮食习惯是在时光的积淀中形成的,它体现了一个地域的性格,无声地叙述着这种流传下来的集体性的历史记忆。板梁古村落善于加工制作各种色香味俱全的点心食品,不仅满足食客的视觉感官需求,又能为其带来味觉上的美味口感,如板梁的茶礼盒,就是这种让人在色、香、味方面都有美好体验的上等点心。

茶礼盒是板梁人待客饮茶的佳品。其主要品种有兰花根、卷花片、油盏粑粑、红薯螃蟹、脆节、夹花片等(图1-14)。制作点心的主要原料有糯米粉、粳米粉、面粉、红薯等,配料主要是黑白芝麻、红白糖、花生、豆子等。用这些材料通过不同的制作方法,每一种点心的工艺都不一样,形态和口感也不一样,有甜有咸,整体色感金黄灿灿,有条状、片状、元宝状等,形态各有千秋,金黄灿灿的色彩也象征着人们求富贵的心理。茶礼盒也表达了见"盒"如见"礼"的美好祝愿与吉祥祝福,体现出传统文化中一种含蓄的传情祝愿方式。

总之,从古至今,板梁古村落依然保存着其深厚的历史文化底蕴,传承着古老的宗法礼仪、儒学思想、风水思想和哲学意识。不管从地理风貌、生态风水上,还是在历史文化、居家建筑上,或是从民俗生活、民间艺术上,板梁古村落都具有其独特的生存方式,将人与自然、生活与劳作都融为一体,体现出湘南民居民俗文化历史的特性。尤其,它完整地保存着从明清时期起至今的板梁古村落风貌,依稀地展现出600余年前中国汉族居民的生活方式与文化

图1-14 茶礼盒点心

资料来源：村委提供

表现形式，有着丰富的历史价值、艺术价值和科学价值，是不可多得的文化资源。

第二章　板梁古村落的艺术类文化遗产

　　历经 600 多年的板梁古村落不仅给予人们一种久远的历史回忆，而且给予人们一种身临其境的传统景象。在现代人看来，历史回忆是需要文化教育与史料记载加以建构的，传统景象也是需要丰富的想象力，借助于现代电影技术来展现的。但在板梁古村落里，历史回忆与传统景象似乎不用刻意营造，只要你居住在这里就会迅速地感触到这种恍然隔世的久远乡愁。

　　人类感触生活的首要方式是对美的需要。正如马克思所说，"动物只是按照它所属的那个种的尺度和需要来建造，而人却懂得按照任何一个种的尺度来进行生产，并且懂得怎样处处都把内在的尺度运用到对象上去；因此，人也按照美的规律来建造"①。毫无疑问，板梁古村落看起来是按照"美的规律"来建造的。这正是我们理解古村落保护的正当途径。从分类学上看，板梁古村落体现美的地方主要表现在它的艺术类文化遗产上。

　　所谓"艺术类文化遗产"，是指以艺术的表现形式体现在非物质文化遗产与物质文化遗产中的一部分文化遗产种类。就此而言，它也可简称为"艺术资源"。但是，就本书研究范围而言，这种艺术资源主要是指向古村落的艺术资源，但古村落并不是历史古

---

① ［德］马克思：《1844 年经济学哲学手稿》，刘丕坤译，人民出版社 1985 年版，第 51 页。

迹遗址,而是活生生的人类居所,因此,本书把古村落的艺术资源又简称为"古村落艺术"。

古村落艺术不但能脱去物质文化遗产与非物质文化遗产之间相互割裂的困境,而且能准确地表达古村落的艺术类文化遗产并不局限于物质或非物质的范围,从而恰当地指出古村落艺术是一种整个村落生存体验的视觉交流方式,是一种体现了古村落依然存在着其生命力的意义世界,因为这种艺术依然还在人们的生存方式中呈现其生活方式的愉悦性和精神寄托。古村落艺术不仅指出其物质和非物质相互融合成一体的审美价值,更是指出它与环境、生态、自然、人类生活和民俗风情密不可分,并贯通于"五感"的生活体验。因此,我们可以从古村落艺术这种理解上将板梁古村落的艺术类文化遗产分为以下三个方面:自然景观与人文景观、建筑艺术与装饰艺术以及民俗文学与表演艺术。

第一节 自然景观与人文景观

景观(landscape),从其词源学上看是指乡土空间的整体形象,后来演变成审美的物理空间,再变成人与自然美好和谐的社会指向。然而,从生态学认知基础上看,它就可被理解为一种在生态系统视野中带有其结构与功能的独立物理对象,可以通过实证方法或中立客观的方式来获得认定的美感要素。德国人把它看成是一种意义的指称世界,一种联于交流、情感和召唤的语义庭院①。这就奠立起景观艺术的解释。就板梁古村落来讲,其景观艺术主要

---

① Olaf Kühne. "The Evolution of the Concept of Landscape in German Linguistic Areas". In: D. Bruns et al. (eds.), *Landscape Culture – Culturing Landscapes*, RaumFragen: Stadt – Region – Landschaft, DOI 10.1007/978-3-658-04284-4_2, Springer Fachmedien Wiesbaden, 2015: 43–53.

表现在村落地址的规划设计与意义世界的人文设计,前者是自然景观,后者是人文景观。

一、村落选址的规划设计

"仿生"与"风水"承载着中华传统关于人与自然和谐相处的村落选址思想,这不但穿透着村落对自然条件的预期,如风调雨顺、水旱无忧等需求,而且又满足了村落对意义世界的向往,如人杰地灵、子孙发达等愿望。

从仿生学上看,板梁古村落仿生如"象"(图2-1),任重背负,岿然不动。整个村落地处雄奇秀丽的象山西北面的弧形大平面缓坡地,犹如一个偌大的象腹,连上360多栋明清建筑,依山就势,好像依偎在母象身边的小象群。因此,传说整个村落的布局是按照"象"的身体结构来设计的,其采光、通风、排水通畅,科学又自成体系。

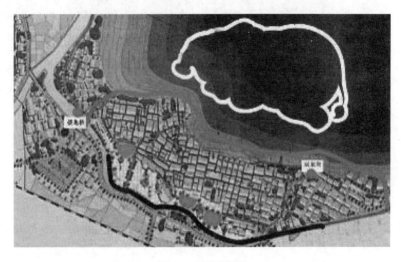

图2-1 村落平面图

资料来源:作者自绘

俯视全村,纵横交错的石板巷道贯穿于整个村落,像纵横交错的"迷宫",就如同象的血管。村内房屋和房屋之间只隔着一条狭窄的巷道,在数百年的石板小巷道旁边都伴随着一条排水沟,这些相连的巷道以及排水沟,解决了整个村落的排水系统同时也成了整个村落的消防系统(图2-2);贯通村子的主街道的青石街麻石街,北起接龙桥,南至双龙泉,就如象的呼吸和消化系统;从龙泉庙进村贯通润公厅的巷道,好似象的食道;而在村中的"一步踏五街"景点,据说此处蕴涵着"金木水火土"五行,如象的心脏,汇连

图2-2 巷道

资料来源:作者拍摄

着整个村落的巷道；在进村口的松风私塾和望夫楼下面本来有着一座拱门（目前此门已被拆毁），似象的鼻子正在接龙桥下的高亭河边吸水；村前的河流又犹如象的腹部轮廓线；架在河流上的几座小桥，恰如大象的几只脚；双龙泉出水处的山体圆润丰满，恰如象的臀部。这种对"象"的应物象形的建筑仿生文化表现，体现了古人在建筑与环境利用的构造中，依势而行，依形而造，匠心独具将心之形象与自然之形象融合，形成"和谐共处""天人合一""道法自然""有规有距"的建筑仿生文化景观。鸟瞰板梁古村落，又像一棵不断生长的大树，一代一代人不断地壮大它的根枝，又一起维护它的生长与繁衍，寓意着生生不息。可见，板梁古村落整个居民建筑与环境是融合一体的。这种融仿生理念、五行思想于自然环境中的屋宇巷道布局，体现出板梁人对自然的崇敬之情，并与自然聚居和谐的筑居智慧，也是古人的智慧对建筑文化做出的伟大贡献。

　　除了整个村落格局体现出"象"的仿生形态之外，在三个宗祠的青石大门墩上都雕刻着大象的图案，就像村落的图腾。这就印证了仿"象"筑居的理念并不是后人想象出来的，而是板梁古人开村时就领悟到的风水理念。

　　"象"自古被人视为灵兽。在中国传统文化中"象"通"祥"，寓意吉祥平和。在板梁有关"象"的传说可追溯到舜的归宿地——湖南永州宁远县九嶷山及周边地区，舜的受禅地——浙江上虞县百官桥一带。人们就用口传方式讲述着这种有关"舜象"的故事[①]，"舜象"原是舜所驯服的野象，后演变成舜的德行驯服其

---

① 传说中国历史上第一个驯服野象的人就是舜，"舜象"传说在《孟子》和《史记》等典籍有详细记载，说的是舜的父亲瞽（gǔ）叟和舜同父异母的弟弟象曾两次合谋要杀舜，但舜都成功逃脱了。事后舜却毫不计较，仍然孝顺父亲、友爱兄弟，用自己的实际行动感化了他们，使象改邪归正，史称"虞舜服象"。

弟弟"象"的故事,其中就体现出舜对父母的孝顺及其对兄弟友爱的德行。如《二十四孝》中写道,孝就是"虞舜,瞽叟之子。性至孝。父顽母嚚。弟象傲。舜耕于历山,有象为之耕,有鸟为之耘。其孝感如此。帝尧闻之,事以九男,妻以二女,遂以天下让焉。系诗颂之,诗曰:对对耕春象。纷纷耘草禽。嗣尧登帝位。孝感动天下"。此意无限丰富,叫人联想到板梁古村落如何仿"象"而生的苦心孤诣。

仿生理念如今成为较流行的一门仿生学,形成于20世纪50年代。人们开始认识到模仿生物系统开发新技术,以更好地适应大自然的条件,从而给人带来安顺的生活。1960年9月,美国召开第一届仿生学研讨会,宣布这门学科正式诞生,把"仿生"定义为:"模仿生物系统的原理来建造技术系统,使人造技术系统具有生物系统特征或类似特征的科学,简言之,仿生学是模仿生物的科学。"[1]在建筑学中将仿生建筑分为:结构仿生、形态方式、生物特性仿生[2];也可分为结构仿生、形态仿生、材料仿生、功能仿生[3];还有学者把它分为城市环境仿生、使用功能仿生、建筑形式仿生、组织结构仿生[4]。这些认识无疑证实了板梁古村落景观艺术的远见卓识,由此,反映出板梁古村落先贤们从自然环境与人相和谐、相共生的聚落思想。

与仿生理念相关的中国传统术语就是"风水",也常常被中国人称之为"风水学"。然而,风水比仿生来说更具几分神秘感,更能反映出天地人相互感应的机能。如果说"仿生"是地理风貌在人观看之下的景象,那么"风水"更需要自然哲学与神圣赋予作为

---

① 沈丽虹:《浅谈仿生建筑》,载《山西建筑》2006年第22期,第45页。
② 王科奇:《建筑仿生新论》,载《华中建筑》2005年第23卷,第28—30页。
③ 沈丽虹:《浅谈仿生建筑》,载《山西建筑》2006年第22期,第45—46页。
④ 徐鹏:《当代仿生建筑文化的新趋向》,载《山西建筑》2009年第9期,第37—38页。

其观看地理风貌的根据。

中国传统风水观中，人们总是通过山水环境形态的端庄秀美或歪斜破碎来判定该地的"气"之凶吉。"人们通常把风水地的构成概括为五个方面，即龙、穴、砂、水、向五大因子，又称地理五诀"[1]。古人通过"觅龙、查砂、观水、点穴"四个步骤来判断一个好风水格局，便于村落选址。"龙"是指蜿蜒而至的山峦，是指背靠称之为主山的山峰和主山后面连绵不断的"龙脉"。风水中的"穴"是指风水地中所谓的"生气"出露之处，即寻找天地之气汇聚之地，点出"山水相交，阴阳融聚，情之所钟之处"也就是"取得气出，收得气来"的地方[2]，是阴阳之气结合得最好的场所。有人甚至指出"山之结穴，……犹如妇人有胎、有息、能孕、能育"，即把风水穴隐喻为能聚气孕育、生化万物的地方，以象征一种生生不息、蓬勃向上的精神和力量[3]。"气"的强弱聚散可以预示村落的兴衰。"砂"在风水中是指山的地形，也就是"穴"周围的地形，因为"气"是通过山水形势的气韵来表现的，因此构成"穴"的地形环境就非常重要，一个典型的风水模式除了后有靠山即镇山之外，左右两侧应该有起护卫作用的砂山，即：左青龙右白虎，以此形成"龙虎所以卫区穴"之势，使整个穴场呈兜抱状。

"水"在"风水"中有着重要的作用。风水学认为，山之血脉乃为水，山之骨肉皮毛即石土草木。俗称"山管（旺）人丁，水管（旺）财"。《管子·水地篇》中说："水者地之血气犷。"晋人郭璞传古本《葬书》中说："气乘风则散，界水则止……故谓之风水。风

---

① 陈宏、刘沛林：《风水的空间模式对中国传统城市规划的影响》，载《城市规划》1995年第4期，第18页。

② 王深法：《风水与人居环境》，中国环境科学出版社2003年版，第73页。

③ 陈宏、刘沛林：《风水的空间模式对中国传统城市规划的影响》，载《城市规划》1995年第4期，第18页。

水之法,得水为上,藏风次之。"水是充满生气的体现,也是起着聚气的作用,能聚气的水呈环抱状。风水中的"向",就是朝向、方位之意。因此,理想的风水要求是坐北朝南,需要以山为依靠,且靠山雄厚,如狮如象,连绵不断如"龙脉";背山面水,曲水环绕,这种山水之势也就是负阴抱阳;在选址中突出重要的地位是"气"的生成和聚气之地;两侧需要有小山丘作为"护卫",面朝区域要开阔,前方有远近小山做朝案。这样共同构成一个三面有屏障护卫,四向相合,"天门开,地门闭"的格局。这比起当今建筑学中的地址考察要复杂得多。

中国传统的"风水"观不仅体现在地脉的选择上,还体现在水系的处理上。理想的风水地都少不了环抱弯曲的水系。因为水代表了生气,在风水中也起"聚气"的作用。板梁古村落的水景观可谓是古人智慧的体现。其水系景观构成主要是村落的水体及与其相关的公共环境景观,通过融合其特有的地理历史环境和文化传统表现出自己独特的魅力。

整个村落(图2-3)坐山环水,背靠岭南山脉象鼻山,树木葱茏,种类丰富,有松、杉、樟等数十种,其中千年古樟高耸雄挺,气象万千;两股古泉从象岭山涧流下,形成环保格局,面临万顷良田,对面的山是横排三座,纵排三层,呈层叠渐高状。东部是丘陵山区多高山峻岭,西部多丘陵地带,其山势犹如威而不怒的"白虎",中部丘陵及河谷平地间布,东部和中部有部分丹霞地貌,水资源十分丰富。村前的高亭河支流从西北蜿蜒而来,发于村南的双龙泉,连接宗祠门口的三个月光塘,犹如三只动静相宜的"朱雀";村后的"大龟石"(图2-4)被形容为一个天然神奇的"玄武";西南方是纵横开阔的稻田,形成一个通畅的"风口"和开阔的"天门"。

板梁古村落的水口主要是双龙泉和韵泉,两泉之水穿过整个村子汇集至板溪,在村庄下方建有文峰塔,将"水口"锁住。在村

图2-3　板梁古村全貌

资料来源：村委提供

里共有十多口水井，呈阶梯状分布，水势由高向低处，串联宗祠前面的三口月光塘（图2-5）。

双龙泉是板梁古村落口的天然泉眼（图2-6），此泉水穿过整个村子，从泉眼出水，流经三个井口，也是村中最重要的水井。村民自觉遵循三口井的用途，第一口井是饮用水，第二口井是专用洗菜井，第三口井供洗衣服等洗漱用（图2-7）。泉水源源不断，冬暖夏凉，

图2-4　村后天然大龟石

资料来源：作者拍摄

图2-5 板溪河绕村而下

资料来源：村委提供

图2-6 双龙泉

资料来源：作者拍摄

泉水清冽甘甜。秋冬时节，上游温泉顺涌而下，聚结成白雾在溪面翻涌，似龙腾雾、活灵活现。不论是寒冷的冬天还是炎热的夏天，来井里洗东西的人总是络绎不绝。

村中的水体还有室外的水井台、月光塘，半室外的回龙茶轩以及室内的天井。

1. 水井台

村中的水井大都以青石围砌成井台，因水井的形状不同，井台的空间与形状也不一样，这些井台空间成为了村民自然聚集的公共交流场所，充满了生活的情趣（图2-8）。

2. 月光塘

月光塘中种满荷花（图2-9），象征着清廉和谐之相。上村月光塘连接的是一片宽阔的广场平地，是村民搭建戏台等公共活动的场地，犹如天然的戏台背景。中村月光塘呈扇形，是三口塘中面积最小的塘。东靠村中的渝公厅，翘角飞檐，配上三字垛马头墙，整体风貌体现机巧谦和，守中尚智，

图2-7　水井

资料来源：作者拍摄

图2-8　月光塘井台

资料来源：作者拍摄

图2-9　宗祠前的月光塘景观

资料来源：村委提供

与月光塘相得益彰。下村月光塘呈弓形,在西边设有井台。

3. 回龙茶轩

在上村中与泉眼相望,依井而建的回龙茶轩(图2-10、图2-11),是人们在茶余饭后以及劳作之余,经常光顾的地方,也是取水、洗物的人都会聚集交流或歇息的地方。因此,这个巷道回廊成为村民们唠家常、交流感情的公共场所。

4. 天井

据村民介绍,天井(图2-12)不仅有通风采光的作用,还集天人合一之道、儒家学理、吉祥礼俗等教化作用于一体。天井青石板上的雕刻内容无不体现出中华传统文化思想,图案所传达的多是"耕读为业,诗礼传家""鲤鱼跳龙门,望子成龙""万般皆下品,惟有读书高"等寓意,这种崇文思想成为独树一帜的天井文化。

板梁古村落的天井构造,四周由长条状的约5厘米厚、30厘米宽的青石板拼接砌成,排水沟也是由青石板铺垫,出水有暗沟,有

图2-10　回龙茶轩

资料来源：村委提供

图2-11　回龙茶轩水井台

资料来源：作者拍摄

图2-12　天井

资料来源：作者拍摄

意思的是出水口镶用的是镂空的铜钱形态，除了可以防止杂物堵塞，又美化了细节，更重要的是还体现"聚财、守财"之文化寓意，古人认为雨水即财水，雨水滋润万物，蕴涵着生财之道。落到家中天井的雨水，经过古钱口，流进屋里，寓意着财富流进了家中。

总之，水的品德以及水在美学中的意义自古有之，如"上善若水""水利万物而不争也"，山水画中有水才有灵气等。在山水景观中，水是景观的串联者；水无形，其态变幻无穷；水有声，演绎其动静合乐；水如镜，其景与影虚实相生。板梁的独特水系布局形成了灵动又丰富的景观，井水、溪流、池塘形成了点、线、面相结合的空间格局，室内室外的水流相通、相应，体现了追求和谐的宗族思想。板梁村中水系景观是村民日常生活交流的重要公共场所，水之情与景相融，滋润和融合着村民的情感与生活。

二、意义世界的人文设计

村落的存在并不仅仅在于物理空间的恰到好处，也要在于人文空间的意境深远。虽然人们对于意义世界的追求并不是单纯的，也不是一厢情愿的，而是要通过社会建构起来，其表现可能是文字的，也可能是物质的，更可能是口述的。在板梁古村落中，这种人文设计首先表现在各种建筑物上。这里有象岭、板溪、奇石异树等自然风光，还有井、庙、祠、亭、阁、官道、古民居、公共建筑（如接龙桥、双龙泉井、望夫楼、文峰塔、龙泉庙）等人文风景，组成了一幅街道巷弄的结构体系。它体现的并不是经济功能，而是文化功能，代表着权威、情义、和谐、永生等意义。

旧时的板梁古村落只能凭着接龙桥（图2-13）而得以进入，抬头便是那远远相望的"望夫楼"，紧挨着的是龙泉庙和松风私塾，使人们一进村就能感受到那温馨的书声、无声胜有声的相思以及默默而虔诚的祈祷，一进村就让人感受到村民的耕读修身、惜爱

图2-13　接龙桥

资料来源:作者拍摄

和敬仰,宛如世外桃源。建在村中心的钱庄,既安全保险,又便于乡亲们办理业务。商业街位于村前的中段,古道街道合一,穿村而过,利商便民。箭楼在古村的南端,起着护村的作用,箭楼外连着沿山麓的演武跑马长道。育婴堂、救济局建在接龙桥头江北,是民国时期的非常机构,其中育婴堂是板梁古村落在清末至民国时期为收养弃婴设立的民间慈善机构。

在意义世界的人文设计中,特殊建筑物的建造总是伴随着风水的指引或动人的传说故事。如文峰塔、接龙桥、箭楼和上村古凉亭、下村古凉亭都是因板梁古村落的风水需要而建造的。据说,这几座建筑占据着整个村里的重要风水点,从高处看是连成一根线的,只有把几个建筑建好后,板梁村才会兴旺;关于板梁的风水故事,村里的老人都会讲,也算是家喻户晓了。下面的故事是根据村里的老人口述整理:

相传明朝时候,板梁村建造润公祖厅(下宗祠)请了一个闻名江西填湖广的风水师傅——刘梅涧和一个闻名衡阳、郴州的木匠易师傅。刘梅涧和润公(刘润)是在江西相识的故交,后来一起在湖广做生意,胜过亲兄弟。刘梅涧得到龙虎山老道的真传,有看风水的独家秘诀。刘梅涧为润公选定建祖厅的地点,择吉日吉时开工动土,并请来木匠易师傅告知他建造布局。

润公为了建好关乎子孙千秋的厅堂,嘱咐夫人和家人一定要好好款待所有的建厅堂师傅们,尤其是木匠易师傅和刘梅涧师傅。于是,润公夫人决定,交替着一天一只鸡或一只鸭来款待。在当时的板梁,杀鸡待客是最高的礼遇,而鸡肫是给最尊贵的客人或师傅的上品。易师傅和梅涧师傅见东家天天杀鸡杀鸭招待,心里特别高兴,做起活来又起劲又细致。但是时间长了,他们发现,每次吃时只见鸡肉鸭肉,但总是见不到肫子。易师傅心里就有了想法,觉得肯定是东家舍不得把肫子给他吃,自己吃了或者是给梅涧师傅吃了。于是这个易师傅心里就有暗火了,就要了个心眼,做功一样细致,也不偷懒,但是他把大柱的头和尾做得一样大。竖大柱时,易师傅把大柱调了头,把要朝上的部分反过来朝向地面,这样就会使东家逐渐衰落。梅涧师傅心里也有了想法,觉得东家小气了,看风水时也留了一手。

厅堂建好后，吃过"出水"酒，刘润公付过师傅们工钱，并把他们送到高亭司乘客船回家。回程的师傅走到半路，累了歇息，到包袱里拿毛巾擦汗，发现里面有个小包裹，打开一看，立即惊呆了，竟是一包熏干了的鸡肫子，数了数，与在刘家的日子一样多。这下，他们全明白了，原来东家把肫子全留着，待自己回家后慢慢享用，是自己太小心眼了。于是梅涧师傅和易师傅都深受感动，并心生惭愧。梅涧师傅后来回过头来，让刘家在下村口建塔，并指定两个位置建亭（现为上村古凉亭和箭楼），把三个建筑连成一线，这样板梁村就会兴旺。而易师傅从此以后，不论走到哪里做活，都是尽心尽力，不计小利，其名声也越来越大。而润公厅一脉也是人丁兴旺，贤良名士辈出。

文峰塔（图2-14）建于清朝道光九年（1829），也叫镇龙塔。此塔也成了板梁村的地标式建筑物。从东、北两个方向进入板梁村，首先映入眼帘的就是这座古塔，整个塔的造型古朴雄伟，大气典雅。塔顶是由四块几吨重的大青石拼合而成，中间为圆洞，洞上覆盖葫芦宝刹顶尖，造型优美。有人说它像一管饱蘸墨汁昂首天穹的巨笔，每当旭日东升，在阳光的直射下，塔影似笔横穿板梁，传递着"一日之计在于晨"的信息，催发人们勤耕勤读，书写美好的人生。文峰塔，除其名之外，塔壁上有三块文字匾额：第一层是"青云得路"，第二层是"龙门叠跃"，第三层是"文光射斗"。从这些匾文也可以看出，此塔不仅有着重要的风水意义，更有着介于风水之上的文化含义。文峰塔是风水民俗与儒家文化理念相融合的物化表征，成为板梁村的一种精神期望和寄托。

除了风水的需要，在板梁村其他公共建筑，也有着动人的传

图 2-14　文峰塔

资料来源：作者拍摄

说。故事的传播引发记忆的传承，它使得不可见的时间元素成为可见，而场所感就由此而产生。比如龙泉庙、望夫楼和松风私塾三座建筑构成一组立体式古建筑群，使得整个建筑的文化含义更加丰富而独特。

在古代，有村即有庙。一个地方的庙以及庙里面供奉的神，一般体现该地的信仰文化，与村民的精神寄托息息相关。在板梁村龙泉庙即城隍庙，庙不大，建在村里的高处，一进村口便可见。庙内供奉着城隍爷爷和城隍奶奶的神像。龙泉庙里的青石龙凤香炉已有170多年的历史,据说是镇庙之宝,也是镇村之宝。香炉上刻有"道光十六年孟秋月中浣日立"的楷书纪年款。整座香炉的造型是似一个抽象的人体,外形方正大气,由炉身和炉座组成,炉身上部为倒梯形,炉壁正面框内雕有浮雕"二龙戏珠",龙在上凤在下的设计和布局,体现当时的男权思想和阴阳文化;两侧炉壁上有一对"垂肩大耳",炉身中部为束腰长方形,正面刻有对称式缠枝莲花浮雕;香炉的底座为象腿虎爪须弥座,正面刻有回头式"双凤朝阳"图案,中间太阳周围围绕的是飞鸟式的祥云纹样,正面的两外角刻有似龙似虎的头像,底座顶部是横帘式莲花瓣纹样。整个香炉从造型到图案都体现了当时的社会主流以及重要文化形态,其寓意也是吉祥深邃。如果细致了解龙泉庙的由来,我们便可了解到村民宗教信仰的心灵寄托所在,见图2-15。

由于长期以农业自然经济为主要生存方式,人们把保护农业的神祇群体称为"八腊神",分别是先啬、司啬、农、油表辍、猫虎、坊、水庸、昆虫。板梁的龙泉庙也就把水庸供奉起来,因为传说水庸为城隍爷,保护当地老百姓的生活来源。相传农历五月十一日是城隍爷的诞辰。板梁村就在这一天开始举行为期七天的庙会,做法事,唱福戏(当地称为唱万年戏)。每逢此时,各家各户都会请来亲

图2-15　龙泉庙内景

资料来源:作者拍摄

图2-16 望夫楼
资料来源：作者拍摄

朋好友来看戏，加上商品集市，非常热闹。城隍爷也就成为享受人间旺盛香火的本土神祇。[①]

除了龙泉庙，板梁村的望夫楼（图2-16）也充满着诗情画意，古典而优美，是古时板梁妇女魂牵梦绕的情愫物化的表征。原来的望夫楼已遭破坏，现在所见的是2006年重建的，虽然有重建的遗憾，但是那些关于望夫楼的传说故事，依然让人听着蓦然回首，感慨一番"幽梦三千里，相思一望中"。

古时的板梁也是商埠之地，板梁不但重文也重商，经商之风兴盛，村中的男人们出门经商，每去短则月余，长则数月甚至数年才得归家。商旅多艰难，风险和祸福相伴，守候在家的妇女们常常心如悬丝，千里相牵，时刻挂于心，祈求平安，期盼着夫君能早日带着商利归来。据说，为了祈求家人平安，她们日日向龙泉庙城隍爷进香祈祷，祈祷后登上象鼻山崖头，望着漫漫古道和悠悠河流，期盼着默念着商旅在外的夫君，切盼着他们的身影能够立即出现在眼前。日复一日，年复一年，寒暑不易，风雨犹勤，她们将原本凹凸不平的石山竟然踏成了"望

---

① 王明喜等：《板梁古村》，湖南人民出版社2013年版，第39—40页。

夫坪"。这份深情感动了城隍爷和土地爷。据说在一个月明风清的中秋夜,城隍和土地共同将前低后高、垂向江的"象鼻子"往上升高了数尺,"望夫坪"一夜间变成了"望夫台"。

也许是神灵的护佑或是夫妻的心灵相惜,商旅们不仅能平安归来,还能带来丰厚的资财。妻子的温柔和深深的爱,使得外出的男子更加疼爱自己的爱妻,同时也更加崇敬城隍爷,于是他们出资打造了阴阳同体的龙凤香炉,以表敬仰之心;在望夫台处建造阁楼,以保护妻子们登山时不再受日晒雨淋。建好这座阁楼,经商之家的男人们出门在外也有了一种物象的寄托,让漂流在外的自己也有些许的安慰。守候在家的妇女们登临阁楼望夫的脚步更加勤快了,相聚阁楼互相慰藉。因此,阁楼也成了爱情的寄托所。很自然地此楼被称为了"望夫楼"。

望夫楼让我们感受到了古人对爱情的坚守与相惜,那份深情,那份等待,那份日复一日的祈祷,使得望夫楼有一种神奇的爱情感染源。传说村中若是哪对夫妻吵了架,只要来到望夫楼就会怒气顿消,夫妻间那种甜蜜的情感就会油然而生,恩爱如初。没有吵架的夫妻或恋爱中的男女来到这里,就会觉得对方更加美好,增强了爱意。[①]

再如双龙泉的故事。关于它的传说也甚是奇观:双龙泉也叫回龙泉,龙与蛇有关。双龙泉是板梁古村落口的天然泉眼,此泉水穿过整个村子,流进村前的高亭河。泉水源源不断,冬暖夏凉,泉水清冽绵甜。不论是寒冷的冬天还是炎热的夏天,来泉边洗东西的人总是络绎不绝。浑然天成的双龙泉,无私地养育着板梁的村

---

① 王明喜等:《板梁古村》,湖南人民出版社2013年版,第43—44页。

民们,使得村中自古无干旱之灾。据村中老人说:

> 相传每隔60年左右,泉眼井中会有上百条蛇从泉眼中
> 冒出来,顺着水流游到村前的小溪汇合处停留。接着这些
> 蛇又在头蛇的率领下原路游回井底的泉眼,整个时间大约
> 30分钟,场面壮观也令人心生敬畏。"龙"回之后,泉井恢
> 复平静,流水依然。双龙泉对村民的养育、"回龙"的奇观,
> 也使得双龙泉水成为了吉祥之水。据说,板梁古村落有个
> 很吉祥的习俗,就是过年时用双龙泉的泉水沐浴,并接回家
> 饮用,祝福全家一年到头健健康康、平平安安,天增岁月人
> 增寿,春满乾坤福满门。因此,许多游客都会在板梁古村落
> 双龙泉盛满一瓶福泉回家,用来煮饭,使全家人祛病健身,
> 沾满财气和福气。

板梁古村落的建造处处讲究风水,处处有故事,一屋一塔、一
塘一泉、一石一木等都有故事,千言万语也难以言尽,美妙的传说
充满了村民们对美好生活的向往。在板梁古村落,在情境之中,聆
听着村中老人那些美妙的故事,一幅幅故事的画面就好像在眼前,
生动无比。听着那些护国、护民、护村、相敬相爱的民间故事,仿佛
身临其境。

第二节　建筑装饰艺术

如果说景观艺术表现了板梁古村落的宏观面貌,那么建筑装
饰艺术更显示出板梁古村落的匠心独具。从历史上看,古村建筑
及其装饰也并不是一蹴而就的,从中显示出它历史的沧桑与人文
精神的沉淀。在同一个村落中展现了中国历史上元明清各朝代的

建筑旨趣与思想归向。按照德国哲学家海德格尔对建筑的独特理解,指出建筑的本质乃是"让安居",而安居就是逗留或持存,是人借以在大地上存在的一种方式[①]。由此,人们就可以从板梁古村落中理解到五六百年前的中国乡村社会的风貌。

一、建筑特征

板梁古村落现在持存着360多栋元明清民居建筑,其格局大多是以宗祠为中心,逐渐展开,主次分明,法度井然。其材料大多是就地取材,以木石材料为主。建筑外部以青砖青瓦马头墙最为突出(图2-17),建筑内部结构简单,以木构架抬梁式、穿斗式为主,内部分隔大多是木屏门、木板壁、木槅扇,建筑单体有着精美的

图2-17 板梁古村落建筑外观

资料来源:作者拍摄

---

① 〔德〕海德格尔:《筑·居·思》,孙周兴译,载《演讲与论文集》,生活·读书·新知三联书店2005年版,第169页。

雕刻、绘画等装饰。单体建筑中间一般都设有天井,天井上有着特别讲究的石刻艺术。板梁的天井不仅起着通风采光的作用,更是板梁古人"天人通神"的思想以及对儒家理学文化的崇敬。

整个村落建筑上的砖、木、石刻、墙面、瓦面堆塑、壁画等多以象征比喻等文学手法,表现出五福临门、文、武、商、繁衍等内容,寄寓着古人的美好愿望与祈祷。概括来说,在其装饰的艺术手法上丰富多样,不拘一格,游刃有余。据说,当时板梁村的大户人家在建造家宅时,会把一些闻名遐迩的能工巧匠长期请来家中雕花镂朵,尽屋舍装饰之能事,少则一年半载,多则四五年或十余年。屋宅中的木雕、石雕、砖雕、堆塑、彩绘、书法、水墨等,如今仍见证了匠师们当年的辛勤和精湛技艺,而且表达了村民对吉祥和美好生活的向往。

二、建筑装饰艺术

装饰是建筑的组成部分。古代建筑的装饰美,往往都以雕刻、绘画等传统的美术与工艺手法予以呈现。与西方古典建筑相比较,中国古代建筑的装饰手法更是突出在色彩的运用和装饰件与结构件的结合上,极富民族特色。中国古代的建筑装饰已经构成中华民族传统文化的一个重要部分。[1]

板梁古村落始建以来,因其重商崇文的祖训,村民不但讲究财富积累,而且追求功名,以光耀家族。每逢建宅修楼时,总是按照相应的村规族约,将儒家的"忠、孝、廉、节"的理念贯穿始终。大户人家总是约请闻名遐迩的能工巧匠,雕花镂朵,精装坠饰。现今依然显其风采,那些精湛的木雕、石雕、砖雕、堆塑、彩绘、书法、水墨等艺术形式,手法不拘一格,游刃有余,步步皆

---

① 王谢燕:《中国建筑装饰精品读解》,机械工业出版社2008年版,前言部分。

景,处处文意。

1. 堆塑艺术

堆塑是板梁古村落的一种民俗理念,主要表达人们对建筑的祈望,从屋顶或墙角等方向延伸出来,翘盼天空,吉祥祈福。譬如,墙面半立体堆塑、马头墙和屋脊堆塑。这些都可堪为堆塑艺术的精品。据村民介绍,堆塑对材料要求非常高,需要多次淘洗浸泡细磨的精石灰,上等的糯米粉和苎麻细丝,拌上优质的桐油为制作材料。因为石灰堆塑的工艺难度非常大,一般三年以内的徒弟只能做打杂下手,三年以上的刚出师新手也只能当助手,主要部件或难度较高的部件都是由有长期实践经验的老师傅操刀,而且工艺极其讲究,轻重适度到位,不可多一分,也不可少一分。

（1）马头墙

进村,走过接龙桥,登上象鼻山头,站在松风私塾前眺望整个古村,多姿多彩的屋垛,线条舒展流畅,造型栩栩如生,惟妙惟肖。放眼望去,像是龙马飞驰,气场澎湃。这便是村落建筑中的马头墙所展现的气场。

马头墙主要有"人"字垛(图2-18)、"三"字垛(图2-19)、"四"字垛(图2-20),这些垛体都是用精石灰堆塑而成的,造型多

图2-18　马头墙"人"字垛　　图2-19　马头墙"三"字垛　　图2-20　马头墙"四"字垛

资料来源:作者拍摄

是瑞兽、云龙、琪花等吉祥之物。细看马头墙脊背上有一层、二层、三层砖檐之分,组合在一起,层层叠叠极具节奏和韵律。三层砖檐用棱砖和圆瓦相叠镶嵌,砌成上瓦下瓦两行几何形图案,节律之美油然而生。垛顶是用青瓦镶脊,像正在驰骋的飞马马鬃,栩栩如生,线条曲美又具阳刚之气。

（2）屋脊

栋梁屋脊的造型大多数是"太阳花"（图2-21）,看上去又如千手观音的千手,两头上翘,向内弯曲,在其中心的堆塑部分主要有鲤鱼、鱼形龙、座钟、古钱、神像等图案。

图2-21　屋脊堆塑

资料来源:作者拍摄

据村民介绍,瓦体以垛的中心点为基准,两头斜向中心,寓意"财水归屋";垛尖上翘内弯,用精石灰粘瓦砌成,又如昂扬的马头,据说寓意主家发达上升之意。太阳花即含有红日高照、欣欣向荣之寓意,又含有阳刚之气,寄托子孙兴旺。古人认为,月阴日阳,阴阳合和,子孙兴焉,太阳花也寓意家中男丁兴旺。

2. 彩绘艺术

（1）屋垛墙壁画

屋垛墙壁上一般有着大型图案的壁画,色彩黑白分明,造型生动,引人注目。壁画内容主要是"五蝠（福）捧寿"或"五蝠（福）

连连",再配上一些吉祥花纹样,象征着福禄和吉祥之兆。壁画造型一般为圆形,五蝠头向中心,蝙蝠造型有写实的、有抽象的,但其线条均流畅清晰,轮廓曲美,犹如五只蝙蝠正在煽动着优美的翅膀,翩翩起舞。在屋垛"人"字形的封垛部分主要是花卉图案,寓意吉祥,如石榴、牡丹、荷花等花卉(图2-22)。

图2-22　屋垛墙壁画

资料来源:作者拍摄

(2)檐口装饰

房屋檐口上常常以水墨画配上一些励志警句和古诗词为装饰,也有以书法对联为装饰(图2-23)。在檐口画的下方有外凸的长方形回文式画框,前檐多为弧形,后檐多为垂直形,其中水墨画主要以一些含有寓意的花卉、瑞兽或一些孝道图、忠烈名士等内容为题材,而书法主要书写一些励志的诗词、警句。其意要让村民们不忘修身、养性、齐家、治国、平天下的志向。一个墙面的堆塑画框常分为左右对称两大部分,框内一般堆塑一些人物或故事情节,主要有忠烈名士、二十四孝道、刻苦研读、农牧渔樵、牧童骑牛吹笛、桃林戏蝶等。显然,这些内

图2-23　檐口装饰

资料来源：作者拍摄

容主要体现板梁古村落的儒家教化思想。[①]

　　这种檐口装饰遍布其村落建筑中，整个装饰题材广泛，技艺与内容相得益彰，饱含其村落的文化底蕴。走在古村巷道中的无意回头，映入眼帘的或是一幅画，或是一段诗句，或是两字家训，让人舒心安详而又充满敬意。

　　（3）门窗飘檐装饰

　　门窗飘檐是指马头墙下面的门头和四面窗户的遮雨挡阳的门罩或窗罩。图2-24中的门罩和窗罩都是正面呈倒梯形，上宽下

---

① 刘华荣：《儒家教化思想研究》，博士学位论文，兰州大学，2014年，第19—20页。所谓儒家教化，是指儒家在探索王道政治中，为追求良风美俗、社会和谐、政治安定，从而以修己安人为核心，忠、信、仁、义为原则，礼、乐、政、刑为方法，成己成物为目的，在家庭、学校和社会层面进行的教育实践。

78

图2-24　门窗飘檐装饰

资料来源:作者拍摄

　　窄,侧面是三角形造型。其装饰形式和题材多样,形式主要有雕塑、堆塑、书画等。题材有水墨画配诗句(梅兰菊竹图、山水画)、有家训(效忠、厚德、载物)和名言警句(宁静、致远)等。因飘檐尺度有限,一般以两字书法居多。据说窗罩和门罩除了有遮阳挡雨的实用功能外,还有镇宅避煞的意义功能,能够挡住或消除门窗所对方向的煞气(简而言之,煞气就是使人倒霉生病或不舒服的东西)。因此,门窗飘檐上还会写上一些佛教偈语,或贴上一些道士画符咒,以达迎吉纳祥的目的。

（4）楹联装饰

楹联是大门装饰的主要形式。不同建筑不同功能的大门,楹联装饰的形式和内容也不同(图2-25、图2-26)。比如望夫楼的楹联是以"相思"为主题的楹联,龙泉庙是神祇风水联,松风私塾是以儒家道学为联,宗祠是颂宗为主作联,私宅则多以耕读礼仪励志等作联。总之,大门的楹联语意与建筑需相得益彰,其书法在字体、用笔、用墨上都有考究,极具审美价值。

可见,板梁古村落有着丰富多彩的彩绘艺术。但由于年代已久,古村的保护和发展也是近些年才开始得到重视,现存的堆塑和

图2-25　私宅楹联装饰

资料来源:作者拍摄

图2-26　楹联装饰（依次为：龙泉庙、望夫楼、松风私塾、学府第）

资料来源：村委提供（照片为2010年拍摄，目前望夫楼及龙泉庙的楹联已残缺）

壁画都遭到了不同程度的损坏。虽然所有的屋体装饰书画由民间艺人所作，但其笔法娴熟，画面布局、线条、墨韵都是经典形态，反映了明清以来板梁古村落居民的文化水平，仍具较高的艺术价值和历史文化价值。

3. 石刻艺术

（1）路碑座石刻

古村落中最重要的一座路碑石刻（图2-27）是接龙桥头的路碑座。据说，此路碑是皇帝赐封的，是当时整个村子的无上荣光。路碑用料为青石，据测量，其尺寸为：长1.5米、宽0.5米、高0.24米、深约0.2米。碑刻内容是"双狮戏珠"：正面通体浮雕，历史上它虽然遭到过破损，其碑文也无从考证，但其狮头和狮身的形态都保存完整。两狮相对，一俯一仰，体

图2-27　路碑石刻

资料来源：村委提供

态丰盈,身态矫健,眼神威武,口衔如意连接的飞云式绶带。碑座中下方位的宝珠,珠体饱满,上面刻有菱形框及吉祥牡丹,周围连接四个飘逸的如意结。整个碑座的雕刻工艺娴熟,构图丰满,线条流动,极具韵律,整个造型刚柔相济,雍和而又威严。据记载,凡官员进村,见此碑座时都需"文官下桥、武官下马",由此可见,这座双狮戏珠路碑具有一种不可亵渎的威严。

图2-28 石敢当

资料来源:作者拍摄

（2）石敢当

板梁古村落中仅存一块石敢当(图2-28),位于上村一处的内墙角,文字为阴刻,字体为楷书,字体上涂红砂色。其意义不得而知。

（3）大门墩石刻

大门墩是一个家族的象征,它形态方正、敦实,与门槛形成一个古代锁形构造(图2-29)。另外,它与门上的两根圆木,被当地人称之为"法舆""门当"。这两根圆木表示"乾坤",也就是表示阳与阴。而大门墩表示"户对",上下相对,也就形成了我们常说的"门当户对"。板梁古村落中属三大祖厅的大门墩最让人震撼。据说润公厅的石材是从杭州水运过来的青石,坚硬光洁,色如墨玉。其他两个祖厅的石材是本地的青石,青石白纹,细腻润滑,图案简洁有力。门墩的雕刻图案主要为吉祥图案,如象、云龙、飞马、彩凤等动物。因为板梁古村落特殊的"象"形仿生文化,因此,在三个祖厅的大门墩上都有大象石刻,寓意吉祥。相对于其他两个祖厅,润

图2-29　润公厅门墩

资料来源：作者拍摄

公厅的石刻图案更为丰富，有大象和八吉等物。

（4）柱础石刻

古建筑一般都有厅，厅中有柱。柱是建筑物的重要组成部分，起着支撑梁木的重要作用。我们常说的"顶梁柱"（图2-30、图2-31），这就表示它有着不可替代的作用。屋柱根据不同的安放位置可分为独立柱和附墙柱。顾名思义，附墙柱主要是与屋内墙面结合，一般在转角处，也有在大墙体的中间分布，主要是为了稳固墙体和梁木结构；独立柱一般安置在大厅的前部和中部，在柱顶处由斗拱连接梁木。柱下就有石础，古人对石础讲究，是由于石础起着承重的实际功能，能够减弱柱子对地面的压力，使之能够稳固、正直。据说板梁村落的石础都是青石制作的，其造型都是上窄下宽的圆鼓形扣地式莲花几何座，一般有四层，每层的图案都不一样。板梁古村落内以贤公厅的石础最为高超,为多层莲瓣柱础,形状分布有仰莲花瓣、俯莲花瓣还有八方型几何图案和八型圆润底边。每层图案变中有序,雕工精致(图2-32)。

图2-30　宗祠柱础1　　　　　　　　图2-31　宗祠柱础2

资料来源:作者拍摄　　　　　　　　　　　　资料来源:作者拍摄

图2-32　柱础石刻纹样

资料来源:作者拍摄

（5）天井石刻

板梁古村落的天井构造,四周由长条状的约5厘米厚、30厘米宽的青石板拼接砌成,排水沟也是由青石板铺垫的,出水有暗沟,其出水口常是镂空的铜钱形态。天井中间一般有三块大青石板铺盖,石板上刻上各种图案,主要是鲤鱼、牛、龙等吉祥图案(图2-33)。

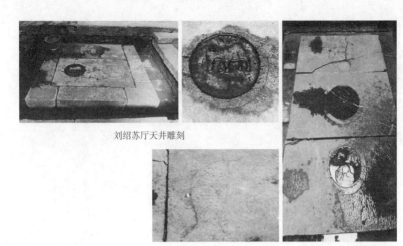

刘绍苏厅天井雕刻

松风私塾天井雕刻　　　　　　刘昌悦厅天井雕刻

图2-33　天井石刻

资料来源：作者拍摄

（6）转角石石刻

板梁古村落的房屋墙角几乎是有屋就有转角石（图2-34），颇具独特韵味。转角石源于"石敢当"，最初安置在屋前一角，后来发展到房屋的四个角都有安置，转角石和屋基石共同承受着墙体，

图2-34　转角石石刻

资料来源：村委提供

维持屋角的正直和墙体的垂直,将辟邪的文化含义和保护建筑的实用功能相融合,将装饰艺术与建筑功能融合起来,极具和谐之美、古朴沧桑之感。

据说转角石的制作也是极其讲究的。四方规整,但与屋基石和巷道石融合一色,上面雕刻着吉祥图案,种类丰富,雕刻技法多为阳刻。

（7）洗面礅石刻

洗面礅(图2-35)其实就是我们居家生活中架洗脸盆的石礅。由于古人重名节、重礼仪,因此洗脸礅在这里也成为极具民俗文化意蕴之物。洗脸礅的高度设计非常人性化,成年人洗脸时感到非常舒适。据说一般洗脸礅石材用青石或者麻石打制而成,由三部分组成。其上部为鼓形,鼓周围雕刻为鼓钉、圈线、缠枝莲花等;中部为六边形柱,上面雕刻图案一般为绶带葫芦、莲花鲫鱼等吉祥图,造型优美、线条生动活泼,让人赏心悦目。在这部分也有素面的,即在中部不做雕刻,只做边框。这种素面洗脸礅也透出一种质朴之美,没有过多的雕饰却展现出一种简朴的农家日常情景,也寓

图2-35 洗面礅石刻

资料来源:村委提供

意着简单即快乐的生活观。底座部分为四方形,通体浮雕,上面图案一般是对称式的吉祥花草,如牡丹、菊花等植物。雕工精美,线条流畅,图案隽美。

4. 木雕艺术

板梁古村落有着非常精美的木雕装饰,种类丰富,小到果盒、凳脚、桌角或洗衣的木杵,大到窗雕、藻顶。整个板梁村落好似古代居家木雕艺术的博物馆,可与东阳木雕、青田木雕、徽州木雕相媲美,其智慧和精湛的技艺,让人对古代工匠们肃然起敬。古村的木雕内容和石雕一样,主要是以吉祥寓意和对美好生活、积极向上的期望为主,图案设计常为五福图、文、武、财、商、义等题材。板梁古村落最典型、最精美的木雕艺术当属刘绍连厅。其木雕的手法也是多样丰富,构图形式也动静相应,千姿百态,有阴刻、阳刻、单面镂空雕、双面镂空雕等,还用涂漆、彩绘鎏金等上色方式。

(1)窗雕

窗雕(图2-36—图2-38)可谓是板梁古村落的一大亮点。首先,窗户对于建筑来说,就像是光明和空气的进出口,封闭的空间有了窗户就有了光明和空气,就有了内外的流通与交流。我们常常比喻"眼睛是心灵的窗户",是最重要的交流窗口。那么,窗户就好像是建筑的眼睛,充满了灵气。也可以说窗户打通人与大自然的隔阂,把光、风、气、水等大自然的元素引进来,把屋内的潮湿、阴暗等霉气放出去。

因此,村民不但重视窗户的实用性,对窗户所承载的"建筑之眼"的人文精神也极其重视。板梁古人喜欢在木窗上雕刻各种花纹,暗示并意喻寄托雕刻主人的希望。窗花按形状分有:长方形、正方形、圆形、半圆形,其中也有复杂的形状,就是方中套圆形或圆中套方形。一般木雕窗花按其图案可分为:文字表现式、花草表现式、飞禽走兽式、几何图案表现式。窗花的内容最常见的有龙、

图2-36　私宅窗雕1

资料来源：作者拍摄

图2-37　私宅窗雕2

资料来源：作者整理

图2-38　回龙轩窗雕

资料来源：村委提供(近年此窗雕已残缺)

凤、麒麟、象、狮子、鹿、瑞兽、蝙蝠、鲤鱼、鹤、佛、鹊、牡丹、莲、葵、桃花、荷花、菊花、梅花等，还有兰杉、草鞋、花开、五蝠、八仙、旗、球、戟、磬等。

　　板梁古村落中大部分屋宅的窗户都有雕花，比较有地位、有财力的家宅更是讲究。每栋房子的窗雕自成一体，雕工精细，形象生动，其布局是同位对称、动静相应，总的审美情趣是生动鲜活、千姿百态、寓意丰富又高雅淳厚。比如刘绍连厅，其厅虽小，但五脏俱全，其窗雕精美、内容和形态丰富，有花卉、瑞兽、十二生肖等，在窗雕上还有镀金。从屋内透过窗户看窗外，窗花雕刻尤显动人，窗花之美与自然之美在物与影、景与画的动静虚实中融合一体，使人赏心悦目。

　　（2）厅堂隔门木雕

　　板梁古村建筑多厅堂，凡有两进的厅堂都设有木隔门，两进厅的为一道木隔门，三进厅的为两道木隔门。每一道隔门有三道门（开在左右两侧和中间），日常左右两侧开着，平时中间这道门前会放置桌椅，如有重大喜庆活动或者家里来客人时才开中间的门，所以有"开中门迎贵客"的说法。隔门不仅将厅堂分隔成前后独立的空间，又增加了隐蔽性。因为厅堂是主家社交和族人议事的重要场所，有了隔门就显得在厅堂中的活动更加庄重、融合。这种雕花木隔门（图2-39—图2-41），一般每道门安有两扇门叶，用榫卯结构将门叶与隔门框架固定，然后在上下各留一个圆形门斗，把门叶子的起枋圆形榫头插入门斗里，相当于现今所说的"合页"门。整个构造既美观、安全又开合自如。刘绍连厅中的窗雕和隔门雕花都是板梁木雕中的精品，整个隔门分成上中下三部分，上部是双面镂空雕，俗称两面穿花，也叫做阴阳合体雕花。这种雕刻从外面看是一种图案，从里面看又是另外一种形象。如一进刘绍连厅大门，隔门便入眼，其精美的雕刻正面看到的是一个"马上封侯"，表示高升的雕刻，到反面看就是另外一个内容了。因为在"文化大

图2-39　私宅隔门木雕1

资料来源：作者拍摄

图2-40 私宅隔门木雕2

图2-41 厅堂隔门中部雕刻

资料来源：作者拍摄

革命"的时候,很多雕刻都被毁坏,刘绍连厅也不例外,其隔门的中部雕刻都被摧毁,其内容也不得而知。一般隔门上部的雕刻内容主要是瑞兽、飞禽、花卉等表示吉祥寓意的图案。中部的雕刻是阳刻,有些是单面阳刻,有些是双面都有雕刻,但不是透雕。

（3）檐枋木雕

檐枋是指古建筑中厅堂大门檐口的横枋。在板梁古村落中,檐枋处都雕有精美的通体浮雕,其题材有花卉、人物故事、历史故事等（图2-42）。其花卉图案采用缠枝连体造型,由中心对称式,

图2-42　檐枋木雕

资料来源：作者拍摄

向两边扩展,构成对称和谐之美。其历史故事和人物故事主要表达古人对太平盛世的向往及其对圣人贤达的渴望。

（4）雀替木雕

雀替是位于古代建筑屋檐处,伸出墙面,连接墙体与屋檐的木构件。它通常被置于古建筑的横梁、枋与柱相交的地方,其作用是使得梁枋的净跨度缩短,增强了梁枋的支撑作用。另外,雀替构造使得梁与柱相接处更加牢固,防止梁柱的角度倾斜。

雀替除了有支撑的实用功能之外,板梁人常常会在这个构建上进行形态丰富的雕刻,其中有威武的龙头、凤、仙鹤、鸟,也有温顺的梅花鹿、吉祥花草等物。整个雀替木雕既有民间的朴素又有皇家的威武,既有简约素雅的造型,又有繁华富贵之造型象征(图2-43、图2-44)。

图2-43　私宅雀替　　　　　　　　图2-44　宗祠雀替

资料来源:作者拍摄　　　　　　　资料来源:作者拍摄

纵观板梁古村的建筑装饰艺术,在经历了数百年的历史演变与传承发展中,在技艺和表现形式上都独具一格,不仅秉承传统装饰艺术的精髓,又有其自身的特色。总结下来主要体现在以下三个方面:第一,题材涉及广,并且意蕴丰富。其装饰题材的内容主要是对当地居民生产生活中喜闻乐见事物的造型与构意。不仅有纳吉祈福之类的题材,也有历史戏剧情节、神话传说、小说演义、寓言故事,还有体现当地人们现实生活的农耕社会题材等,展现出板梁古人淳朴自然的精神情怀以及对美好生活的热爱与向往;第二,装饰手法因材施艺、丰富多彩。在板梁的建筑装饰艺术中,处处体现古人的智慧与精湛的技艺,在材料的运用以及装饰的部位上也是因材施艺、因地制宜,不但注重综合运用木雕、堆塑、石刻、彩绘等多种材料,还结合浮雕、透雕、圆雕等多种技法,繁而有序。使其一方面起到了装饰美化的作用,另一方面都不失其在建筑中的功能性与实用性;第三,艺术造型上独具一格。因板梁古村落始建于宋末元初,不仅保留着以线造型为主的宋代文风,受到中国传统绘画的影响,线条清晰细腻且流畅,造型形神兼备、栩栩如生。在构造上也往往不拘泥于直接复制或写实对象,而是运用夸张、拟人、抽象、拼接等手法,采用多视角以及跨时空形象的融合来对事物进行提炼与组合,强调意义世界的构造与寓意的表达,将人们对美好、吉祥生活的向往以及儒家思想教化等观念和目的融入其中,形成多视角的想象以及寓意丰富的审美特征。同时,板梁古村落深受儒家思想的影响和教化,强调"中和"之美,在装饰艺术中讲究对称与圆满,在数量上一般以双数为吉,给人一种安定、平和之感。

总之,板梁古村落在历经了数百年的历史沧桑仍能保存如此完整,她不仅仅是一个单纯的物质空间,还凝聚着传统的文化的精髓以及湘南独特的地区人文,是板梁古人崇文重道思想与工匠精神艺术成就的载体。

第三节 民俗表演与文学艺术

一个村落的和谐都在于其美好的人际交流。这种交流又具体体现在各种节日庆祝和花红喜事上,为了不落于流俗之弊,村落文化必以生产赏心悦目的文艺作品为追求。板梁古村落能够保存至今,不但取决于它优越的地理位置,而且取决于它自身完整的文化服务体系。前者保证其经济上自足,不受制于外界影响;后者保证其精神上自足,不受外界文化侵蚀。这主要表现在民俗表演艺术与民俗文学艺术两个方面。

一、民俗表演艺术

1. 倒灯

板梁古村落的元宵倒灯(图2-45)是春节将要结束时的压轴表演艺术。所谓倒灯就是指尊草龙灯为首位,而布龙、彩龙、板凳龙等灯列其后,而神狮、瑞狮都居于其后侧。在表演中,其他材料所制作的龙在与草龙并行时,总要退后,并低头致意;若与草龙迎面相会时,它们要给草龙让路,而狮子灯必走在草龙后面。

图2-45 倒灯

资料来源:村委提供

元宵节这天,村前的彩灯和荷花塘的荷灯沿着溪流和街道汇集连接到接龙桥,整个村落空中的彩灯与地面的荷灯映照在溪流中,就像一幅立体的星灯景观,绚丽壮观。点亮荷灯对村民来说有着美好的寓意,一方面,所谓的"荷"与"和"谐音,体现人们对"和"的追求;另一方面,荷花花瓣片片相依,寓意万事圆通,荷花也象征着清纯和圣洁,体现人们内心世界的纯良。

不但荷灯寓意诸多美好吉祥,放荷灯的程序也非常讲究。起龙灯时,第一盏荷灯需从祖厅神龛处点燃,然后出祖厅,一路点灯直至倒灯处。龙灯扫宅时,插满香火的草龙在前面,布龙居中,黄狮掌后。接龙时,各家各户除了点荷灯,还会在屋门上的香筒、屋前的墙角和巷道边插上香火,并烧上纸钱,以及放鞭炮烟花。扫宅是龙灯倒灯的主要任务,必须一家不漏地扫到,若有哪家被漏,没有扫到,那就会被认为不吉利,不仅会影响到这一家,还会影响到整个村子。因此在这个扫宅过程中,都会设计好路线,并有专人带路,且必须顺着走,不能走回头路。扫宅倒灯如此严格和慎重,不仅因为自古相传龙灯具有驱邪纳吉的功能,龙灯扫宅可以把各家的邪秽之气全部扫走,使整个村子都吉祥安康,同时扫宅倒灯也重在"扫"和"倒"两字的寓意上,"扫"意在驱除、祛除、清扫等寓意,"倒"则蕴涵着倒掉、去掉等意义。当扫宅完毕,开始倒灯。在离倒灯地约50米之时,烟花爆竹响起,荷灯齐放,锣鼓急促,所有人大声呼叫"哟—呵",擎龙者快速奔跑,同心合力将草龙顺势送入河中,寓意将所有的邪秽都顺水冲走。

2. 舞狮

舞狮在湖南非常盛行,在板梁也是深受村民喜爱的传统表演。因板梁属于金陵乡,其狮子同属金陵乡的黄狮,又叫神狮,是狮中之尊。据村民介绍:黄狮的头需用樟木雕刻,造型威猛、蕴藏神机;狮身子需用厚实的土黄色棉布或麻布缝制。做好黄狮后,由两位经验丰富的表演者,一人舞头一人掌尾,英勇雄健的神狮就活灵活现了(图2-46)。在神狮表演前,需先到祖厅祭拜祖先,然后再挨家挨户发拜帖。在表演过程中由文、武两部分组成,首先是表

图2-46　舞狮

资料来源：村委提供

演神狮变故事,据说共有二十四套,题材丰富,有神话传说、生活劳作、人伦爱情、模仿动物等题材,内容诙谐幽默的典型剧情。然后是武术表演,有单人对打、双人多人对打。整个表演结束后,按照原线路到各家收拜帖。

3. 周礼古宴

不同的地域有着不同的民俗风情,板梁古村落即是湘南之地一个具有代表性的民俗村,又有本地方的特殊民俗活动,而"宴礼"就是板梁古村落习俗的特殊亮点(图2-47—图2-50)。板梁村凡是红白事都要举行隆重的宴礼。这里的"宴礼"缘于周朝的《仪礼》,其中《仪礼·酒礼第四》的主要仪式有:谋宾、迎宾、献宾、乐宾、旅酬以及宾返拜谢等。虽然此仪式也在时间中流变,但是板梁村仍然保留着这套礼仪的一些主要程式。正因为这种来自周朝的文化传承,当地人们就习惯把这个宴礼称为"周礼古宴"。整个宴礼融仪礼、说唱、音乐、美食为一体,有着"以音乐佐酒、美味赏乐、酒乐化仪,仪礼化人的文化特征"。

图2-47　接客仪式

图2-48　安席宴客仪式

图2-49　传杯仪式

图2-50　上菜仪式

资料来源：村委提供

　　周礼古宴主要由两大程序组成，第一部分是"接客传杯礼"，第二部分是"酒筵演唱礼"。其演出的服装庄重，为汉装或唐装。仪礼班子由司仪、司乐两组人组成，一共有17人。其中司仪有9人：司正（总指挥）1人，司仪4人，吉祥童子4人；司乐8人：司鼓（乐队总指挥）1人，乐手5人，演唱2人。司仪头戴一字巾帽，身穿酱红色宽领右衽长袖衫；吉祥童子穿的是圆领的彩衣；司乐身穿红色的汉族上衣。整个团队的服装透出一种古老、文雅而又喜庆的气氛。司乐的乐器主要是打击乐和管弦乐，打击乐器有鼓、锣、钹、碰铃等；管弦乐器有唢呐、二胡、京胡、竹笛、洞箫、琵琶、阮、三弦等。

　　接客传杯礼部分，接客的地点是在接龙桥桥头或进村的路口。由4名吉祥童子手持红伞，按男左女右的位置站立。司仪4人，司正在前,乐队在后。客人离接客地点大约200米时,开始放鞭炮迎宾,同时,接客师带领客人缓缓而行,并协助接客人员接过客人手上的礼物,为客人代劳。接着,吉祥童子向客人行鞠躬礼,给客人撑上红伞,祝福客人鸿运当头。然后司正带领司仪拱手向客人行鞠躬礼,颂吉祥语:"动履亨嘉。"语毕,乐队奏乐前行。走到祖厅前,鞭炮声再次响起,主人在大门口与客人再次见过礼,吉祥童子接过客人手中的红伞,陪客人步入祖厅。在进祖厅的时候也是有讲究的,上阶梯时是一步一级,象征着"步步高升",进大门时一步跨过门槛,不踩门槛,寓意"平坦顺利"。

进入祖厅,主人已经摆好了连桌,并放上了六零雕花红漆果盒,一般在果盒上放上红枣,表示吉祥,如果是婚礼还会加上花生和桂圆,寓意"早生贵子"。桌子的四周摆有酒杯,并在酒杯中放两颗红枣。当客人进入,会为他们披红传杯祈福,接风洗尘。喝四杯传杯酒也是有其讲究的。首先司正会请吉祥童子斟酒,以酒没过枣子为度。斟酒后,司正右手端杯左手相抱,举杯向上座客人,长声说道:请! 齐贺宏图大展! 喝完,客人们齐放杯,再第二杯、第三杯、第四杯斟酒,每一杯司正的祝福语都不一样,接着是"齐贺财源广进""齐贺事业辉煌""齐贺事事如意"。如此,四杯圆满之后,司正向客人致意,司仪收好客人肩上的红布,接客传杯仪式完毕,随即招呼客人喝茶吃点心。

接着是"酒筵演唱礼"。安排好客人入座后,司仪、乐队各就各位,等待司正法令,仪式开始,鸣炮奏乐。锣鼓以快节奏的《急急锋》音乐开场,整个宴会进入欢快而热烈的气氛中。接着再转换为轻重缓急的活泼韵律的节奏,在悠扬的音乐中,知客师按照客人的辈分、年龄、地位,从高到低依次呼客。在宴会厅的中间主通道,还设有"三亭",又有吉祥童子男左女右领客人过"三亭",每一亭都有礼仪人员颂吉祥语:一亭为"一帆风顺",二亭为"双桂联芳"，三亭为"三星高照"，过了三亭，就"步步高升"了。之后，按座次规矩入席。座次规矩是：面朝大门为上座，座位左为上、右为次；以紧临着中间通道的两个座位为尊；礼仪和乐队的席位在与上座相对的最下端。

安好席位，司正发令：请酒师斟酒！斟酒时会奏乐放鞭炮，在鸣炮声和音乐的热闹气氛中上菜。一共有12道菜，每道菜都有寓意。厨师在进厨房生火之前，都要敬火神和食神，火神是祝融和灶王爷，食神是詹王。席面也有三个档次，上等的为"海参席"，中等的为"银鱼席"，一般的为"烩菜席"。但每个档次的菜席都少不了以下三道菜，即：第五道菜是玉兰片，寓意"节节高升"；第八道菜是肉丸，出肉丸的时候需要放鞭炮；第九道菜是蒸全鱼或油炸鱼胖（即半斤以上的鱼块），第八、九道菜合称为"八丸（圆）九鱼（余）"，寓意"八方圆满，久庆有余"。12道菜象征12个月，寓意圆满吉祥。每上一道菜都会奏乐一阕，当司正和全体司仪齐呼"请"过之后，便是用当地小调唱《赞》（第一、三、五、七、九和最后一道菜各唱一曲）或唱《敬酒辞》（第二、四、八道菜用昆腔开唱）。这些流程过后，便不再劝酒，进入一种随性的气氛，这时，板梁的年轻人尽显板梁人的气量和本色，大碗大碗地向客人敬酒，豪兴奔放。散席时，客人离去，鸣放鞭炮，在板梁称之为"圆席"，送客。

"序尊卑之礼，崇敬让之节"，就应景于"周礼古宴"之中，将仪礼、说唱、音乐和美食融为一体，不但集聚了村民的情感交流，而且滋养了村民的伦理精神。这既是盛宴美食，又是表演艺术。

二、民俗文学艺术

板梁古村落并不仅仅是一座民俗盛行的村落，而且是一座自古以来出现过大量仕途官员与文人墨客的村落。自明清以来，村中考取进士11人、贡生49人、廪生365人、国学286人，出朝入仕上百人。虽然这个村落的地位不算最显赫，但至少称得上为传承文儒之地。因此，其文脉相承，乡贤辈出。在其族谱中至今还留下了令人心旷神怡的诗词歌赋，其中，"板梁古村落八景诗"①流传甚广。

象 岭 云 松
郎官　刘润

岩峣象岭俯高岗，势接南衡气脉长。
云影迷空浮翠色，松阴点地散清光。
月明偃蹇苍龙卧，雨霁悠扬白鹤翔。
路人广寒应不远，桂花开遍满山香。

洪 岗 烟 雾
岁贡　刘永融

地脉迢迢自耒阳，鸾翔凤舞集洪岗。
爱居瑞的跟东位，作向徘徊立西方。
薄雾时遮玄豹隐，淡烟远接霞彩光。
谁知独作乡方秀，拟并南衡镇楚湘。

龙 泉 古 庙
耆宾　刘深

龙泉奕奕奉祠欢，千载神灵此地蟠。
栋宇犹存唐制作，江山曾识汉衣冠。
苔封翠幄苍云湿，澎阴丹青白日寒。
庙貌巍巍今亘古，生民长此赖平安。

---

① 王明喜等：《板梁古村》，湖南人民出版社2013年版，第83—85页。

温 塘 新 浴

庠生　刘帝选

酿得温泉性独淳,方塘袯濯与时新。
不须上已方修楔,直遇严冬可问津。
千仞振衣人似玉,三番握发气如春。
源头活水开清镜,涤德还当视早身。

琼 林 晨 钟

拔贡　刘奇

铿锵入耳梦初惊,响激琼林曙色清。
钟韵真堪传法韵,经声几度杂鸡声。
景阳急扣施宫粉,明月高吟助梵情。
何若依村闻一击,士催晓读妇催耕。

营 盘 晓 月

寿官　刘永泰

营盘曙色霭苍苍,明月桥头踏晓霜。
鸡唱五更茅店远,人行千里道途长。
蟾光渐没明秋水,桂魄初沉散薄凉。
偏照板梁惟此地,一轮红日出扶桑。

南 龙 夕 照

岁贡　刘永融

南龙山色把清晖,映照黄昏影翠微。
树障浓阴遮岭麓,门迎斜景度庭闱。
昏鸦唤侣丛林宿,孤鹭荣霞高处飞。
休叹晴光驹过隙,殷勤继晷元膏肥。

板梁暮雪

耆宾 刘高裕

柳絮霏霏向暮加，板溪澄沏净无瑕。

银桥练就迷虹影，冰鉴凝成炫月华。

几讶琼添来睡鹤，堪惊墨洒起啼鸦。

莫嫌寒气侵入骨，满眼玲珑上苑花。

  毫无疑问，无句不成书，无才莫开言。这些功成名就的板梁人都极其赞美其村落，不但将它誉为南岳之屏，而且将它看作平安之地。

第三章　板梁古村落艺术保护现状及困境

　　当今中国古村落保护运动处于攻坚时期，随着大批古村落名单被确定，至今已有6 819座（不包括省级、市级、县级被保护单位）。正如史英静在总结新中国70年历程中中国古村落保护经验里所说的那样，古村落作为文化遗产，在保护与发展过程中，面临着遗产本体的易损性与外部环境的危险性，唯有在"整体保护、兼顾发展、活态传承、合理利用"的总体原则下，"通过SWOT分析法分析村落外部区位与内部资源进而确定不同的保护发展模式"①。总体原则是源自国家指导性文件《乡村振兴战略规划（2018—2022年）》，乃是要正确地处理保护、发展与传承三者的关系，保护是根本，发展是途径，传承是目的。SWOT分析法乃是一种企业管理方法，最早由美国管理学家海因茨·韦里克（Heinz Weihrich）提出，即对研究对象所处的情景进行全面、系统、准确的研究，从而根据研究结果制定相应的发展战略、计划以及对策等。由此看来，我国古村落保护虽然在于统一管理，但也强调根据不同情况采取不同保护发展模式，因地制宜。

　　尽管如此，有许多学者研究表明现今的保护发展模式依然存

---

① 史英静：《从"出走"到"回归"——中国传统村落发展历程》，载《城乡建设》2019年第22期，第6—13页。"SWOT"中的S是strengths（优势），W是weaknesses（劣势），O是opportunities（机会），T是threats（威胁）。

在着问题。从最早的文保模式到旅游经济模式,再到现今流行的生态博物馆模式,都期待着进一步被完善。譬如,仇保兴认为,现存问题是古村落文化自信的丧失;保护和更新的内生动力不足,可持续发展存在较大困难;对古村落的保护发展重要性认识不足;遗产的真实性、完整性受到破坏;基础设施和人居环境落后破败;综合管理水平差强人意,政府多头、权责不清,缺乏统筹;保护资金来源匮乏,同时缺乏监管①。当然,这些问题是普遍又尖锐的,但究竟如何得以解决呢? 这似乎也找不到灵丹妙药。更如我国对保护村落有较早研究的阮仪三所担心的问题又出现了——古村落"空心化"日益突出②,这就是说,"政府你们要保护这个村落,好! 我们村民就搬走吧,因为我们不愿这样住下去"。如此等等的问题,我们可以从板梁古村落保护的现行机制中得到相同的印证。

第一节　板梁古村落保护的现状

　　笔者在板梁古村落的田野调查中,除了直接观察与体验,还对当地村官刘支书、导游和几个年迈的老者进行了多次访谈与交流。目前,生活在村落的居民已经很少了,只有一些年迈老人还居住在村内,大部分村民都在上村和下村的外延处建起了新楼房,还有一部分年轻的村民去城市务工,回村后就在村外或镇上建新房。无疑,这就是现今古村落保护中的"空心化"现象(图3-1)。

　　笔者与村中刘支书进行过多次交流,刘支书是板梁古村落中

① 仇保兴:《中国古村落的价值、保护与发展对策》,载《住宅产业》2017年第12期,第4页。
② 阮仪三:《传统村落,未来在哪里》,载《第一财经日报》2020年2月4日,A12版。

图3-1 空巢老人

资料来源：作者拍摄

比较有文化的人，曾被派往浙江大学研修，对古村落保护和发展有深刻的理解。刘支书生于此长于此，也见证了近年来板梁古村落开发的整个过程。板梁古村落在十年多的时间里，由一个普通的小山村缓慢发展到如今的局面，确实不易。开发之初，县旅游侨务局将其定位为乡村休闲度假旅游胜地，以此来发掘乡村文化，发展特色乡村休闲旅游。因此，第一步是进行环境整治。板梁古村落依托古村的古建筑和山水资源优势，除杂草、拆违建，本着修旧如旧的原则，开始恢复性建设，历时一年多、投资500余万元的板梁古村落的一期复建建设完工。显然，这是典型的以经济开发为理念的保护实践。以下是笔者和刘支书交流的具体内容：

问：村落保护和发展面临的最大的问题是什么？

答：现在村里最大的问题是村民的安置问题，没有安置地。我们想把村里所有的人迁出去，像其他开发过的古镇一样，想把他们先迁出来，把古村修缮，然后再把村民引回去。保护专项资金并不是很多，村里的三个宗祠都有面临倒塌的危险，中宗祠的木柱子有很大破损（图3-2、图3-3）。现在村里平均每年要倒塌一到两栋房子，我们去年就倒了三栋房子，因为没人住，没人管（图3-4、图3-5）。

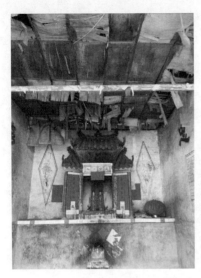

图3-2　宗祠现状1

资料来源：作者拍摄

图3-3　宗祠现状2

资料来源：作者拍摄

图3-4　倒塌的房屋1

资料来源：作者拍摄

图3-5　倒塌的房屋2

资料来源：作者拍摄

问：为什么大部分的村民搬出来了呢？

答：主要是老房子光线暗、潮湿，得不到修缮，不能满足现代居民的生活需求。所以要把里面修缮好，能让村民住得舒服很重要。另外，我们也考虑过在里面做民宿，但是又面临一个很大的"排污"的问题，凭村里的能力是没法解决的。主要是资金方面，还有一个规划方面的问题。我们现在遇到的是规划太多的问题，有保护利用规划、有旅游详细规划、有环保规划等，到底按照哪个规划来搞不清楚，比如从旅游的角度来规划和从文物保护的角度规划就是有冲突和矛盾的，这样村民没有安置地就成了很大的问题。现在也在争取保护和利用的专项资金，以前我们古村修缮都是民间集资的，现在我们古村变成了文保单位，大家觉得国家会出钱，这种民间的模式也就没有了。

我也有幸和副县长及另外一个局长去了浙江大学进修古村落保护与开发利用这方面的知识，很有感触，我们要做有特色的古村开发。如果在保护的基础上得不到开发，老百姓得不到红利也会有问题，我个人的想法是，开发的业态要让大家在外面看不出但能在里面感受得到，就是说要隐形化、自然化。如果要吸引投资，没有商业支撑，投资方赚不到钱也不会来。比起凤凰古城、西塘等古镇，我们现在的商业开发力度还不够大。你们这样搞研究的人喜欢体验原生态的旅游，但这样的比较少，但对于大多数的旅客，他们不愿出钱买门票看这些破旧的房子。现在来这边旅游的人都是跟着旅游团来的，走马观花地旅游。

我比较主张从"养眼"到"养心"的观点出发，把文化内涵挖掘出来，把业态开发出来，让游客住在里面舒服、自然。这其中主要的障碍还是资金问题。对于目前的住户，我们也做过调研，老房子里目前住着的也就80多户人家了，一般是一些空巢老人和一些贫困家庭。他们中的大部分人是愿意将老房子置换成新房子，老房子归政府所有，政府去修缮，重新利用，改成民宿、民俗博物馆等。从村民的角度讲，新房子居住条件好得多，设备也齐全。但像一线城市的居民来感受这里的风土人情，就会觉得老房子好，因为他们住的时间短。

问：会不会担心过度开发的问题？

答：我的想法是，在古村外延区做商业开发，古村里面尽可能保留原生态，比如，古村里的老房子，在保留原汁原味的基础上改造成民宿，但在装修风格上尽可能地"高大上"，吸引有情怀、有眼光的游客来居住。

问：你们这边没有艺术委员会、美术家协会、文联等机构吗？

答：市里面有文联，但我们县里面的这种是参差不齐的，成立这些机构的初心就是情怀。

问：村民对村里的文化遗产都了解吗？比如对建筑装饰艺术、门窗雕刻艺术这些非物质文化遗产，对于这些建筑装饰的工艺和流程还有传承吗？

答：非物质文化这一块确实是我们的短板。遭受过"文革"的摧残，我们的传统文化等于是遭到了断代。所以我也想把传统文化这一块挖掘出来，慢慢地去熏陶、感染我们现在的年轻一代，让传统文化慢慢地回归，复兴到尊老爱幼的、讲究辈分的宗祠文化中去。清朝和民国时期，村里的文化氛围是相当浓厚的，从古宅的门联、壁画等都可以看出来。"士、农、工、商"，把商放到最后，反而商业也发达。现在我们也在做这些工作，找到村里的或搬出去的那些德高望重的老人咨询、请教，组成研究会。但是那些建筑雕刻的工艺都基本失传了，留下的也只有一些传说故事。但对于一些传统的食物的做法还有传承，但要发掘和发扬这些文化，还是面临着资金问题。

第二节　板梁古村落保护的艰难问题

从前文调查来看,板梁古村落保护主要存在以下四个方面的问题:

一、古村落保护开发的正确理念尚未形成

从理论上说,大家似乎都知道古村保护工作的重要性;但从实际上看,大部分人对古村保护的文化价值和重要性还知之甚少,村中除了几个年长的老者能说说村里的历史、故事、传说,六七十岁的人都很少了解,年轻人就更不得而知了。

从现实性上看,要求村民正确地认识到古村落保护的重大意义是难以达到的,即使在国家政策支持下,古村落保护理论仍尚不太清晰。在我国现行推动古村落保护的理论中,从学科意义上看,大概可归结为四种:一种是民俗学的、一种是建筑学的、一种是文化遗产学的、一种是世界文化遗产保护政治学的。民俗学理论似乎阐明了民间文化在构建国家主流文化中的重要性,反映了不同地方有着不同的意义世界,因此应该加以尊重。建筑学理论则阐明历史上遗留的建筑物是祖辈留下的重要遗产,孕育着历史进程的见证,揭示建筑走向人与自然和谐相处的智慧。文化遗产学理论则更强调了一个国家民族留给后代的文化是值得尊重的,这不但是民族精神的澄明,更是国家历史资源的独特证明。政治学理论就更加强了国家维护统一文明的管理制度,使之屹立于世界之林的独立身份。然而,有人还会问道:"为什么在文化遗产领域,中国人渴望世界的认可,而法国人则认同民族(国家)和地域(欧洲)?"[①]这背后无疑就隐含了保护理论的缺失。

---

① 李军:《什么是文化遗产?——对一个当代观念的知识考古》,载《文艺研究》2005年第4期,第124—131页。

然而,从保护理念上看,我国当前实施古村落保护的理念主要分为两类:一类是以经济开发为理念导向,主张以吸引外来投资的方式来开发旅游、开发资源、建立商场等,从而使得古村落在市场经济中获得增值,以此保证保护费用的来源;另一类是以当地政府的政绩偏好为导向,建立起行政管理模式,设置相应的机构,负责古村落保护制度的实施,主要以政府相应下拨的管理经费来组织实施村落保护行为,当然也相应地走上追求经济增值的道路。这正如板梁古村落的村委刘支书所说的问题:一是没有充足的资金来保证板梁古村落的日常运作;二是找不到相应的开发商,因其地理位置偏僻,交通并不太方便。即使有开发商也很难看重这里所有的文化资源,常常以选择性方式加以投资,以便获取更大的利益回报。

　　这样,看起来以经济开发为主导观念,以拉动古村落自身保护的资源,是一种现实迫切的实践策略,但这种理念就使得保护者常用经济增值来评估古村落存在的意义,使得古村落文化遗产成为现代经济增长的杠杆。再者,我们也可以偏向以政绩偏好为导向的实践策略,因为它体现了国家意志,从而有效地得到同意管理,避免私人的破坏。但是,当保护者制订各种指标来维系古村落存在的意义时,这就引发了古村落保护对政府资助的长期性依赖,最后使原住民产生了各种不恰当的心理诉求,要么搬离村落获得政府赔偿,要么改建居住条件,比如搭配现代建筑风格,才愿意居住在村落中。这样一来,古村落保护就出现了当今学者们所看到的"建设性破坏"和"空心化"的现象。

　　其实,这些困境的背后深藏着这些问题:古村落保护究竟为了什么? 为谁保护? 谁来保护? 如何保护? 显然,这些问题的解答基础乃在于保护理论的先行阐明。那怎么样的理论才算得上阐明了古村落保护的正当性呢?

因此，当人们以国家的需要为诉求时，保护实践中忽视了村民的主体认识与参与，要么形成政策依赖，要么自发远离。当人们以经济价值为诉求时，保护实践中赢得了村民的积极性，但因商业操作而破坏了古村落的原生态性，保护就失去其文化历史的诉求。当人们以文化历史为诉求时，保护实践中找到了古村的真实性风貌，但失去其人的活力，古村落就成为远古时代的遗址一样。为此，有些学者指出古村落保护现有思路的检讨：第一种是"旨在保护民居、文物性建筑的思路检讨"；第二种是"旨在旅游开发的思路检讨"；第三种是"旨在村庄整治的思路检讨"。[①]看来，理论的检讨还是必须进行的。

图3-6　村民房屋翻新1

资料来源：作者拍摄

二、古村落保护开发和农村住房实际困难难以调和

随着生活水平的提高，一些村民居住环境已不适应现代居住要求，在土地资源日益紧缺的情况下，由于新批宅基地困难，村民为改善居住条件，随意翻建，这就破坏了古屋的风貌，同时，在古建筑中夹杂现代建筑，这在较大程度上就破坏了整个村落的原生态，遗风难存（图3-6—图3-8）。若不能在原地址上翻新的话，有些村

---

① 徐春成、万志琴：《传统村落保护基本思路论辩》，载《华中农业大学学报（社会科学版）》2015年第6期，第63—69页。

图3-7　村民房屋翻新2

资料来源: 作者拍摄

图3-8　村民房屋翻新3

资料来源: 作者拍摄

民就走出村落,到村落边缘地带或城镇地区,按照现代建筑风格另建新居。这样,一方面使得移出村落居住的人数增加,而常住人口数就会逐渐变少;另一方面使得村落原有的整体景观遭受破坏,促使当地生活方式发生演变。"少数村民说:'你觉得好你来住,我住到你的宿舍中。'这是非常现实的文明冲突,怎么办?"有学者认为,要制止这种想法,防止恶性循环①。但笔者认为,这是一种文明冲突,很难通过行政手段来加以制止。

尽管现在社会各界都开始了对古村落的关注,但是在现代文明的冲击下,大部分的古村落只剩下一个空壳了,村民迁移、村落历史文化知之甚少。一方面,长久以来的城乡二元结构,很大程度上冲击了传统的乡村文化自信,大多数村民普遍认为乡村和乡村生活是落后和贫穷的象征,很大程度上忽视了对村落文化价值的认同。在快速的城市化发展和新农村建设的潮流中,大量农村的年轻人都进城打工,留守老人和小孩居住在村中,年轻人回乡带来的城市文化严重地侵蚀了传统乡村文化。另一方面,在乡村的建设中不顾地域文化因素,出现大量的千篇一面的拆迁与重建。如为了迁出新居,板梁古村落的下村和上村外延农田上大量的自建房耸立,旧居新房混杂,使得村落的整体风貌受损。板梁古村落的"空心村"问题,不仅指的是村里的住户少了,老房子主要住的是老人和小孩,还指的是整个板梁古村落的文化传承正面临"文化空心"的危机。曾经辉煌数百年的古村,耕读传家,重商崇文,现今已经沦落到整个村子的文化水平只有小学水平的状况,令人担忧。

小部分村民是空巢老人,儿女大都在外务工,他们也不愿意和儿女住在一起,宁愿自己住在老房子里。大部分的村民希望通

---

① 仇保兴:《中国古村落的价值、保护与发展对策》,载《住宅产业》2017年第12期,第4页。

过古村的保护和开发来置换自己的老房子,让自己能够住到现代的新房子里去。这种状况主要也是有两个原因:一是老房子的生活条件差,光线暗、潮湿、运输不方便等;二是村民祖祖辈辈都住在这里,按村支书的话说是住腻了,希望换换新的环境。另一方面,村民也希望古村开发能够分给他们红利。比如板梁古村落作为国家传统村落,如今成为了国家4A级景点,政府给村里的每个村民购买医疗保险,并给60岁以上的老人每月发放定额养老金,这两个举措深得人心,村里的老人都说国家政策好。另外,古村开放后,村里的环境改善了很多,也让村里的一部分人开起了"农家乐"饭馆和民宿,增加了村民的收入。

不过村民也有不少的抱怨,因为老房子现在也面临着很多的问题,比如危房、局部需要修缮等,政府的解决力度还不够,就如导游小李所说:"村民不能私自改动古建,但村民的安置问题尚未得到完善解决。这些问题都是很现实的生活问题。"

因此,在现有的保护思路或者保护理论上还是无法制止这种"空心化"的问题。当然,我们既然能看到古村落保护过程中出现这种"文明冲突"的现象,那我们就不应该只是想到如何消灭这种冲突,而是应该反过来追问,这种冲突是必然的吗?具不具备历史的普遍性?然后才能找到问题的症结,或许这样因势利导,认清保护在人类历史过程中所要显示的真正含义。或许,古村落保护实践就会出现另一番景象。

三、古村落保护开发资金难以保障

古建筑由于年代久远,自然损毁和老化现象较为严重,不少有重要价值且亟待修缮的古民居建筑,由于房主缺乏经济能力,村落经济薄弱,无法得到及时保护。虽有一些得到保护抢救修复,但还远远不够。

近年来，我国相关政府部门颁布了一系列政策文件，都把保护古村落的真实性和完整性放在重要位置。然而，从古村落的保护实践来看，大部分的古村落都存在残缺不全的现状，如果要让人们对其有更为综合和全面的信息了解，那么要补充或挖掘那些残缺的部分，必定就很有可能与原来的真实性发生矛盾。尽管在后来的《奈良真实性文件》和《乡土建筑宪章》这两份重要的文件中对重建和修缮问题也做了"松绑"，即对与文化相关的真实性判断"必须联系更大量的信息来源，包括形式和设计、材料和质地、用途和功能、传统和技艺、位置和设置、精神和感情，以及其他内外部因素"[①]。这些条款无疑将"真实性"从认知主义要义中解脱出来，而将它回溯到价值层面上，为古村落保护的真实性提供了一种文化的尺度。

对板梁古村落保护而言，其真实性就只能通过这种文化意义上的理解才可确定的。因为它在修缮和重建过程中，因传统工艺的失传，建筑材料、质地及其技艺都很难保持其原真性。另则，保护性修复的成本极高。因此，板梁古村落保护缺乏相应的资金支持是可想而知的。在我国，只有凤毛麟角的国家级文物保护单位，才由国家或地方财政出资保护并给予长期维护。对于古村落保护基本上都取决于各地政府或社会资本的支持，因为古村落大多数资产都是私人产权，其数量多，其保护成本要大大高于那些已被国家所有的文保单位。另外，在修缮过程中还会存在着产权主体之间纠纷等复杂问题。

长期以来，这些作为个人财产的文物保护民居建筑，如果主家都搬到镇上或县城去了，现在就没有人住，也就没有人管理了。有些是几户人家的共同财产，如有些房子从前有三四户人家共住，现

① 《奈良真实性文件》，转自百度百科，https://baike.baidu.com/item/%E5%A5%88%E8%89%AF%E7%9C%9F%E5%AE%9E%E6%80%A7%E6%96%87%E4%BB%B6/14593679?fr=aladdin.

在都搬到外面去了,不住在一起,就算有一家要修缮但其他家觉得无所谓,不愿花心思管,也不愿出资,这样也就修不起来了。如果政府来维修的话,也要通过他们每户人家的同意,才可以修缮。因此,对于这些民居建筑的修缮也面临着个人与集体、村民与遗产保护工作者等之间的沟通和交涉的复杂问题。

在现行保护机制中,古村落保护主要落实于村落行政上,但保护决策及其管理权归属于它的主管单位。如果它是国家级名单,那国务院就是它的最终批示者,如果它是省级名单,那省政府就是它的最终批示者。因此,从保护实践上看,村委要挑起这种保护行动的重担。但对他们来说,保护工作问题主要还在于资金短缺以及修缮工作人员短缺。当村民遇到局部修缮问题,目前村中的解决方式就是等待省部或市里派人来修缮,不太随意让村民按照自家标准动手修缮,因为这就会很随意地采用现代技术进行修缮,从而破坏古建风貌。

古村落的公共传统建筑物,如宗祠、水塘、人文景观等,常常被闲置、破坏和坍塌。譬如,板梁古村落村委刘支书说整理村前的那条河就花了大笔资金,"实在太脏太臭了,不得已而为之"。至今,板梁古村落在整体上还较完整,但也存在着不少危楼无人管辖。这一方面因为板梁古村落还未采取招商引资的方式;另一方面它地处乡村,远离了城镇,因而城镇化进程较慢。但是,王院成却认为,古村落保护必须以价值再发现为其发展的逻辑起点,必须以新型城镇化为其发展的重要着力点,必须以现代可持续发展为其发展的关键点。这就是说,古村落保护必须要适应于现代化发展机制,然后在现代城镇化过程中"复苏村落文化记忆、再造村落文化空间、恢复村落公共文化生活等,使村落的历史传统、节日习俗、礼仪禁忌、民间信仰等有机融入村落民众的现代日常生活之中"①。

---

① 王院成:《传统村落保护与发展的三个重要逻辑》,载《中国文物报》2020年2月14日,第5版。

这似乎回应了"文明冲突"的理性选择，就是现代化不可逆转。这种认识至少理清了古村落居民不愿留在村落生活的正当性，因此也不能用捆绑式方式制止村民的正当流动，追求他心中之美好生活的愿望。

四、古村落相关工艺无人继承

板梁古村落的建筑彩绘、石刻、木雕、堆塑等工艺已失传，基本上无人能继承。但这些一雕一刻都蕴藏着这个古村落存留六百多年的遗风古韵，就单个体来说，并不能说明什么文化意义，但其历史文化的意义就在于它镶嵌于这个以生活为基础的聚落中。据说，制作房屋装饰堆塑件都只能是由经验丰富的师傅操刀，操作时轻了不行、重了也不行，多一分不行、少一分也不行。按照联合国教科文组织文件精神来说，这些遗产无疑展现了中华民族传统文化的形成过程及其文化多样性的表达。正如《公约》所说，"文化多样性不仅体现在人类文化遗产通过丰富多彩的文化表现形式来表达、弘扬和传承的多种方式，也体现在借助各种方式和技术进行的艺术创造、生产、传播、销售和消费的多种方式"[1]。因此，板梁古村落所存留的非物质文化遗产都是应该加以保护的。现今村落关于礼仪、表演、说唱、美食为一体的"周礼古宴"风俗尚有传承，现已为湖南省非物质文化遗产保存项目。还有一些节日风俗，如春节期间的倒灯、舞狮等表演以及传统美食等民俗活动和工艺，都因日常生活的需要而流传至今。但是，如何更好地维持下去，又如何将这些古代工艺传承下去，都成为板梁古村落的现实性问题。如果说前现代时期有人愿意学会这些技艺，都是因为这些技艺可以

---

① 《保护和促进文化表现形式多样性公约》于2005年10月20日在第33届联合国教科文组织大会上通过，我国于2006年12月29日认定。

给他们带来生存本领,正如现代人都希望学会电脑技术一样,可以获得相应的社会尊重,而当今没有人愿意去学会这些技艺,因为它们都已不适应现代人生活的需要,除去表演节目,它们似乎不再有用。

正如村委刘支书所说:"非物质文化遗产的发掘和保护是古村落开发的短板。"古村落的文化遗产不仅包括物质文化遗产,还包括非物质文化遗产,正是这两方面的有机结合,才构成了完整的古村落。板梁古村落的物质空间保存完好是它成为国家级古村落保护对象的优势之一,但是村落的非物质文化是村民继续留在本村生活的精神支柱。如果非物质文化遗产的保护失衡,传统的手工艺、礼仪风俗以及带有地方特色的民俗活动、地方戏曲等没有得到足够重视,古村落的文化传承就会很困难。

从表面上看,古村落的破坏与保护不当是受到现代化和城市化进程的影响和冲击,但是,如果我们比较一下其他国家和地区的情况,如欧美、日本,甚至非洲及一些欠发达的地区,"在欧洲,不管是城市还是乡村,人们更愿意把钱投入在老房子的维修和利用上"[1],我们就会发现更为深层次的原因不是现代化进程,而是人们对古村落保护的认知问题。具体地来说,这就是"遗产保护观念的不普及或缺失"[2]。

大部分村民并不喜欢老房子,觉得老房子周围交通不方便、光线暗、潮湿等,村民出去打工都是希望能够住在宽敞明亮的、有大窗户的现代建筑房子里,城镇居民的生活方式是他们的向往……普遍认为古村落和传统民居是贫穷和落后的象征,并不认同村落文化的价值。甚至当政府和专业遗产保护工作者要去付诸行动时,因为观念不同,很大程度上都会出现冲突,从而引发更为复杂

① 罗德胤:《传统村落——从观念到实践》,清华大学出版社2017年版,第164页。
② 罗德胤:《传统村落——从观念到实践》,清华大学出版社2017年版,第157页。

和困难的管理问题。村民对现代生活的向往并没有错,但是采用什么方式来实现这种美好的愿望,是至关重要的问题。从表面上看,古村落的保护和开发面临的主要困难之一是资金的短缺,但是罗德胤认为:"农村其实并不缺钱。如果真的缺钱,就不可以能盖起那么多的火柴盒小洋楼!"的确,在板梁古村落的下村和上村外延,耸立的是高高低低的小楼房,有些家庭还是联排好几间,三四层高(图3-9、图3-10),村民还有不少迁居到永兴县城居住。可见,村民们更愿意把钱投到新房子的建设上。"文化遗产在不同社会有不同命运,这首先是观念的问题,而不是经济的问题"①。

看样子,板梁古村落保护问题也透露出我国古村落保护问题

图3-9　村民自建楼房1

资料来源:作者拍摄

_____

① 罗德胤:《传统村落——从观念到实践》,清华大学出版社2017年版,第164页。

图3-10　村民自建楼房2

资料来源：作者拍摄

的一般性。这就是总想以经济增值为目标来设立保护机制，总想以政策为资助来设立保护体系，想以旅游开发为龙头来设立保护策略。但所有的保护实践最终都在一定程度上丧失了古村落保护的本来意义。

第三节　板梁古村落保护的可能出路

我国古村落保护运动是一件了不起的大事业。正如冯骥才所说，"它们是中华民族决不能丢失、失不再来的根性的遗产，是蕴藏着我们民族基因与凝聚力的'最后的家园'，是五千年文明活态的人文硕果"[①]。然而，如何守住这个"最后的家园"呢？难道我们一

---

① 冯骥才：《传统村落是中华民族失不再来的根性遗产》，载《新民晚报》2014年3月8日。

定要把它作为"最后的家园"来保护吗？难道在城镇化进程中所建立起的城镇就不是我们中华民族的家园吗？理性的思辨带给我们的可能更不利于古村落保护，反而使得这种保护运动变得一厢情愿。

也正如冯骥才所指出的，"整个人类的历程中，总共有两次大的转型。一次是从渔猎文明向农耕文明的转型；一次是由农耕文明向工业文明的转型"[①]。既然人类社会的历史进程就是这样前进的，那又如何让那过去的文明得到生存的土壤呢？按照进化论的思想来说，优胜劣汰是天经地义的事，农耕文明被工业文明所取代也是理所当然的，那为何我们要保护年代悠远的古村落呢？特别在吹响城镇化的军号时，哪一个战士敢落伍呢？因此，古村落保护看起来是国家政策实施和民众意识觉醒就可以做好的工程。但实际上它并不是这样，其背后乃是一个时代精神的朝向问题，是一个时代价值观的导向问题，是一个用历史理性观看自身该如何存在的意识形态问题。近年来，我国古村落保护事业趋于缩减，正如仇保兴在2017年所说，"古村落正在大量消失，年均消失1.6%，平均3天就会有一个古村落被消灭"[②]。

毋庸置疑，我国古村落保护运动兴起是源自西方国家的保护运动。譬如，英国在20世纪20年代就出台了《英国乡村保护法》；美国实施起保护村落的案例是1924年从洛克菲勒基金会购买"殖民地威廉姆斯堡"村落，保持其原殖民地时期的生活场景，开创了博物馆式保护模式；法国在1930年出台的《风景名胜地保护法》，确定特色的小城镇、村落及自然保护区、风景区；德国于1902年就

---

① 冯骥才：《古村落是我们最大的文化遗产》，载《不能拒绝的神圣使命：冯骥才演讲集（2001—2016）》，大象出版社2017年版，第124页。

② 仇保兴：《中国古村落的价值、保护与发展对策》，载《住宅产业》2017年第12期，第4页。

制定了保护优美景观的法律,但到1961年,德国政府才签署《迈瑙绿色宪章》,推行乡村景观整治工作。如此等等,这就引发了村落保护运动的世界效应,特别在联合国成立之后,这种保护运动越来越得到加强。但是,这种村落保护运动一开始是从景观开始的,其支撑理念并非源自经济价值,也不是历史价值,而是审美价值。譬如,英国乡村保护运动一开始是来自英国中产阶层和贵族阶层的精神追求,即对工业化城镇的厌弃,对乡村景观的审美追求①。美国村落保护运动一开始似乎不是单纯的审美意识,还包含着历史教育的目的②。德法乡村保护运动一开始也是带着审美意识的追求。至于,后来关于村落保护的理念就越来越复杂了,有的源自那些能唤醒集体记忆的重要历史,以便能更好地塑造国家形象;有的源自教育下一代的需要;有的源自知识权威的幻想;有的源自社会集体从幼稚走向成熟的需要。③到了1972年联合国教科文组织发文保护世界自然和文化遗产之后,保护运动就染上政治色彩,不断地成为各国政府的要事。直到联合国教科文组织分别于2003年和2005年颁布了《非物质文化遗产保护公约》《文化表述多样性促进与保护公约》为止,村落保护就越来越清晰地构成了世界文化遗产保护中的一部分,并得到了各国政府的支持。但其文本中都是显示出审美作为一种特别的普遍价值的存在意义。

　　虽然我国文化遗产保护中也体现出艺术价值的诉求,但并未居于保护理论之中,常常只处于辅助的地位。即使那些以旅游开发为

---

① 参阅李建军:《英国传统村落保护的核心理念及其实现机制》,载《中国农史》2017年第3期,第115—124页。

② Michael A. Tomlan. *Historic Preservation*, Springer International Publishing Switzerland, 2015, p24.

③ Diane Barthel. "Getting in Touch with History: The Role of Historic Preservation in Shaping Collective Memories". In: *Qualitative Sociology*, Vol. 19, No. 3, 1996, p346.

目标的保护运动,也只是把审美看成是经济增值的潜在要素。正如2017年几位外国学者在评述中国古村落保护时所说的,"在现行体制中,村落在城镇化进程被侵蚀的、为大众旅游变成印钞机的危险已被许多物质因素所决定了,其结果就是它可持续性发展空间变得很有限"。接着又说,"因为中国讨论遗产保护总突出经济因素,这就会容易隐瞒保护管理机制的失误状况,尤其在村落保护中常见"①。

  正如板梁古村落在当前城市化进程中,同样面临着每年有2—3处古建筑房屋倒塌,多处破损,村民更多的希望离开这种受保护的古村落生活。虽然板梁古村落作为国家级旅游区,也在执行着以旅游开发、经济增值为主导的保护体系,但是它所获得的经济价值仍然不足以抵抗古村文化没落,慢慢地遭受断层式的改造。这些改造大多数是迎合旅游观光的需要,为了经济增值的亮点。然而,古村落旅游开发就像一把双刃剑。一方面对古村落资源保护有一定的积极作用,能促进和提高人们对古村落文化价值的认知,也能够给村民们带来一定的收入等;另一方面,如果开发不当,价值导向错误,反而会严重地破坏古村落环境和资源,颠倒传统文化的内涵,带来不可挽回的损失。这样的例子也不胜枚举,如有的地方政府为了吸引商家投资建设,不惜破坏村落格局、拆除古建或改变面貌等;有的地方政府主动或强制村民动迁,以便更好地招商引资等。

  在板梁古村落中,"在水一方"酒吧就是一个典例(图3-11)。老板在村中建酒吧时,改动了房屋结构,把浙江西塘古镇的地方建筑风格复制到板梁古村落建筑上,对此,刘支书也有些许的无奈,

---

① Giulio Verdini, Francesca Frassoldati & Christian Nolf, "Reframing China's heritage conservation discourse. Learning by testing civic engagement tools in a historic rural village". In: *International Journal of Heritage Studies*, 2017, 23: 4, pp317–334. DOI: 10.1080/13527258.2016.1269358.

124

图3-11　"在水一方"酒吧

资料来源：作者拍摄

但却默许了。在近些年，地方政府也招标过一些对于古村的保护和发展规划设计项目，但是据说都还只是在纸上谈兵的阶段，并没有大的投资商真正地介入。

笔者在与村民的访谈中发现，从工作者的角度出发，比如导游、售票员等，他们都非常希望古村落得到开发。他们也是对村里历史人文最了解的年轻人了，这也是他们作为导游的职责所需。从刘支书的角度来看，他是土生土长的板梁人，从小生活在村子里，有着比较深厚的情感寄托，同时他有外出学习的经验，有着对古村的保护和发展的思考，他的思想格局相对来说开阔一些。

对于游客来说，"最喜欢村里的泉水和龟石，建筑的窗户、窗花木雕……"，村里的历史建筑、村里的文化内蕴、村里的自然环境带来的"乡愁"情结是他们在此驻足的缘由。正是这些诗意的、能够召唤出游客们潜在精神追求的缘由，才能让人切身感受到生活的真正意义。

实际上，对古村落进行旅游开发并没有错，关键是要对旅游开发有正确的理解。旅游除了感受不同地域环境的吃、住、行、游之外，更为本质的意义还在于，能够带来一种学习和体验。古村落是中国千百年来传统文化的载体，是文化之根，对它的文化价值和意义的认知不应该被忽视。

当然，按照城镇化进程来说，这种情况并不是很糟糕，因为古村落保护不可能一成不变地保持原貌，如果没有更好的发展道路来作选择的话，那么，趋向于现代化的生活方式，自然是符合发展之道的。然而，为什么大力地推进古村落保护呢？这必然有其普遍性价值。因此，如何使这些普遍性价值获得传承发扬，才是古村落保护的首要任务，也应是题中之义。

所谓普遍性价值，乃是承载着人类社会历史文化所必需的积极素质。但是，这种价值在不同的评价中就会产生不同的形态。从文化遗产保护运动来看，现今已经经历了三种评价方式：一是基于物理对象而有的评价；二是基于文化人类学的活态社会而有的评价；三是基于自然与文化各要素构成系统而有的评价。[①] 因为不同的方式，普遍性价值的认识是不同的，如第一种评价方式所提供的普遍性价值是审美的、真实的和历史的；第二种方式则更多在于多样性的、历史性的和生存性的；第三种方式就在于生态性的、审美性的和历史性的。然而，这些讨论都是基于形而上学问题追问得出的结果。正如有学者认为，保护的价值是源自遗忘存在的悖论，恰恰是因为人类社会大多数事物必要遗忘，才促使保护理念的形成，相反，对某物进行越多的保护，就会使保护自身失

---

① Gaetano M. Golinelli (eds.), *Cultural Heritage and Value Creation — Towards New Pathways*. Springer International Publishing Switzerland 2015.

去意义。因此,保护从本质上看就是遗忘的再现,使人体验到某对象存在于哪儿[①]。这些想法显然是来自法国哲学家保罗·利科的遗忘思想。

因此,对古村落的认知问题必然源自人们的价值评价,而其价值评价问题必然源自人们的观念问题,而观念就来自某种思想的塑造,有什么样的思想体系就会有什么样的观念,才会产生什么样的行动。如果是说古村落保护从本质上看似一种社会行动,那这种行动背后必须存在着一种很健全的观念体系。正如美国学者迈克尔·A.托姆兰在《历史保护》著作中所认为,现代意义上的历史保护理念出自犹太-基督教传统,主要基于以下考虑:保护对象的有用性、特别的经济性、重要的纪念性、独特的审美性和精神价值。在实际的历史保护中需要足够的历史文献充足我们的知识,而且教育他人,但这些文献中必须具有审美语境,它如同历史意义一样重要。[②]

如果我国古村落保护运动因经济增值的诉求而产生了一系列不如人意的结果,那么,我们在此就可以基于历史保护理论的审美构成来重新理解古村落保护理论的形成及其实践活动。同时,鉴于板梁古村落丰富的艺术资源,由此来认知古村落保护的审美价值。其实,人们感知世界的方式更多是在于美感的牵引。

板梁古村落的民间艺术形态丰富多样,并深深地根植于村落的民俗文化中,与民俗活动紧密相连。古村落中的乡土艺术或民间艺术不同于被移植到博物馆、画廊以及剧院等的艺术,移植的方

---

① Jonathan Sterne, "The Preservation Paradox" . In: *R. Purcell et al. (eds.), 21st Century Perspectives on Music, Technology, and Culture*, © The Editor(s) 2016. 另见, Russell, K., "Why Can't We Preserve Everything?" *St. Pancras: Cedars Project*, 1999.

② Michael A. Tomlan, *Historic Preservation*, Springer International Publishing Switzerland 2015. Introduction; p357.

式就像是自然科学家从自然界中采取或收集的动植物标本一样，是对其本体进行研究的，而不是至于其社会文化关系中的直接经验。正如我国著名民俗学家钟敬文所说，"忽视民间艺术，就不可能真正了解民族文化及其基本精神。不将民间艺术当作民俗现象来考察，不研究它与其他民俗活动的联系，也就使民间艺术失去了依托，不可能对民间美术有深层的了解"[1]。这就说出了古村落文化遗产往往是一种通过民俗活动来展现其精神特质的艺术因素。英国人类学家雷蒙德·弗斯也深刻地洞察到艺术在人类活动中的习性养成，他认为"人们所观察到的艺术品是对一种文化的有形的表现，因此，是依据该文化的视觉表征习惯建构和表达的一种精神"[2]。因此，从艺术学角度探讨历史保护理论，形成一条以审美价值为导向的保护路径，可能更能切中古村落保护的真意。

---

[1] 钟敬文：《话说民间文化》，人民日报出版社1990年版，第117页。

[2] ［英］罗伯特·莱顿：《艺术人类学》，李东晔、王红译，王建民校，广西师范大学出版社2009年版，第14—15页。

第四章 艺术经验论与古村落艺术审美价值

在古村落保护中，审美语境与历史意义是同等重要的。人们为什么不因美感自身而去保护古村落存在的意义呢？为何总要挟持美感或历史意义而屈服于经济增值呢？其实，审美自身正是这个世界存在的目的之一。正如马克思所说，"人也按照美的规律来建造"①。这话就更好地证明，美是人类社会进行生产活动的基本规律，也是人们劳动的内在目的，因为其劳动总是把人自己内在的尺度运用到对象上，使得对象总蕴含着人的尺度，这种尺度在马克思看来就是美的规律。对美的理解，莫过于德国哲学家谢林把整个世界的理解基础都放在艺术哲学上。他说道，"艺术的理想世界和客体的现实世界都是同一活动的产物；有意识的活动和无意识的活动的会合无意识地创造着现实世界，而有意识地创造着美感世界"②。从其文本上下文来看，这个"同一活动"是指人的美感活动，在此人们就能创造现实世界，同时也能创造美感世界。如果离开了这种美感活动，以物体为表象的现实世界也就会与以意志为表象的自由世界相互脱离，这样，理论与实践就永远达不到统一，除非先预定其和谐。由此可见，谢林已把人类对世界的认识与实

① ［德］马克思：《1844年经济学哲学手稿》，刘丕坤译，人民出版社1985年版，第51页。
② ［德］谢林：《先验唯心论体系》，梁志学、石泉译，商务印书馆2011年版，第17页。

践看成是基于美感活动的活动。这也正如法国思想家米·杜夫海纳在《审美经验现象学》中提出审美经验真实性的人类学证明时，认为审美经验"发挥我们把现实作为世界来感知所需要的各种先验的作用。……先验对现实来说是一种先验，同时又是我之所是的一种先验。没有它，就完全没有主体和世界之可言"[①]。在此更清楚地说明审美经验对我们建构世界的基础性地位，它所构成的现实性运动的现实比起物理事实所确定的事实更为根本，即使这种现实并不能通过其知觉走向科学，但它为人们先验地感知世界提供了作用，这样才有了主体和世界。美国哲学家杜威也曾这样说过，"正常的艺术经验在事物的结果方面和工具方面之间求得较好的均衡，而这种较好的均衡状态是在自然或经验的其他任何地方都见不到的。因此，艺术既代表经验的最高峰，也代表自然界的定点"[②]。这无疑说明，艺术经验是人类认知世界的基本方式。

　　既然审美是人类生活的重要来源，更是建构人类社会美好的希望，那么，我们就有必要从审美经验上重新寻找古村落保护理论的有效性，使它不但唤起古村落保护的文化活力，而且充分展示出古村落的内在规定性，免除经济增值带来的伤害。那究竟如何能做到这点呢？为此，笔者基于对板梁古村落保护实践的考察情况，选择杜威的艺术经验理论作为对古村落之审美价值进行阐明的分析工具，并结合艺术人类学知识与社会认同理论对古村落存在意义进行揭示，指出古村落保护不但基于物质条件、地理环境、文化建构，而且还要基于主体的审美意识，揭示古村落持存价值的东西并不仅仅是经济的、历史的，更是审美的，因为美感是联于生活世

---

① ［法］米·杜夫海纳：《审美经验现象学》(下)，韩树站译，陈荣生校，文化艺术出版社1996年版，第582页。

② ［美］约翰·杜威：《经验与自然》，傅统先译，商务印书馆2015年版，第8页。

界的现实力量。

第一节　杜威的艺术经验论

如果说审美经验是人类社会活动的基本方式,那么艺术乃是人类审美经验的集中体现。因为审美与艺术在本质上是同属一物,前者只不过强调一切对象性活动的主体感受性表达的主观方面,而后者则强调一切对象性活动的主体感受性的客观方面。对此,杜威做出了深刻的讨论,提出艺术经验论的美学思想。

美国哲学家约翰·杜威(John Dewey)诞生在一个中产阶级的杂货商家庭。1879年进入霍普金斯大学研究院师从皮尔士,是美国实用主义集大成者。五四运动前后,他来中国讲学,促进了实用主义在中国的传播。他基于其哲学上的经验自然主义来阐述其艺术经验这个概念,被后来人称之为"实用主义美学"开创者[①]。

他在《艺术即经验》这本书中为人们打开一扇通往艺术经验论的大门,促使人们反思那种从博物馆或艺术物品上追问美学理论的想法。正如他所说,过往关于艺术的认识都是关于死的对象的学问,以范式作品作为艺术哲学的构想,从而"与所有其他形式的人的努力、经历和成就的材料与目的切断了联系"[②]。同时,他又进一步将艺术看成人类认识的一种方式,不能被科学的认识方式所替代。因为思考这种生物体活动的节奏过程,就会通向科学,而感受这种生物体活动的节奏过程,就会通向艺术。虽然思考与感受不能截然分开,但它们的目的不同、方式不同,从而使得它们认

<hr>

① ［美］理查德·舒斯特曼:《实用主义美学》,彭锋译,商务印书馆2002年版,第10页。
② ［美］约翰·杜威:《艺术即经验》,高建平译,商务印书馆2018年版,第3页。

识事物的结局并不相同。因此，他说道，"艺术作为充满着可能欣赏性拥有的意义的活动方式，是自然的最高实现，科学严格说来是将自然的事件引向这一愉快的结局的侍女"①。并且，"艺术的繁盛是文化性质的最后尺度"②。

为此，杜威把其美学理论建立在"一个经验"的学说上。如果说经验在英国经验主义者那里主要是指向人对对象的感觉及其要素的综合，那么杜威则认为他所使用的经验是指来自自然与人的相互作用，如他所说，"经验是有机体在一个物的世界中斗争与成就的实现，它是艺术的萌芽"③。这样，杜威就完全跳出了感觉经验在主体客体二元认识中的呈现方式，而将经验归属于有机体与周围世界的相互活动。他把有机体称为"活的生物"（live creature），由此表明人只不过是这种活的生物当中的一种，从一开始就不能离开其环境，必在其中才得以存活，与其相互作用，并以其最内在的方式进行交换。这样，这个"活的生物"就会经过相应的行动，达到平衡，再经过失衡，再达到平衡，以至于周而复始，由此，不断地形成其直接的经验④。然而，人在行动中产生了理解，使得有些事物产生了意义，这时，人作为一种活的生物才有别于动物，并在具体经验对象中凭借这些行动来体现某种可能性的本质。因此，人的本质与存在并不是分离的，而是统一于行动中，行动才是人们理解经验实质的基础。

当杜威以达尔文主义的方式来揭示人拥有经验的原始性时，经验就具有多元性，包括了情境、关系、内容及其行为方式。简单地说，人因行动就具有了各种各样的经验，从一般行动上看就会

---

① ［美］约翰·杜威：《经验与自然》，傅统先译，商务印书馆2015年版，第358页。
② ［美］约翰·杜威：《艺术即经验》，高建平译，商务印书馆2018年版，第399页。
③ ［美］约翰·杜威：《艺术即经验》，高建平译，商务印书馆2018年版，第22页。
④ ［美］约翰·杜威：《艺术即经验》，高建平译，商务印书馆2018年版，第15页。

产生平常经验，从特殊行动上看就会产生特殊经验。然而，杜威所寻求的乃是经验本身。在他看来，只有理解了经验本身的完整性与延续性才可以把握到经验建立其世界的根基。这个能展开其完整性与延续性的经验就被他称为"一个经验"。如他所说，"我们在所经验到的物质走完其历程而达到完满时，就拥有了一个经验"[1]。这一个经验是一个整体，其中带着它自身的个性化的性质以及自我满足。对此，学者高建平把它解释为"'一个经验'指经验本身有着自己的从起始到发展，到高潮，再到终结的过程"[2]。由此来看，所谓的完满就是指借助各种行动而构成经验的完整过程，展现其延续性。但是，按照其个性化性质来说，"一个经验"更多是指其内涵。这个内涵在另一位学者的诠释下是指直接感知的意义与把握整体的直觉，"这就是说，直觉发挥功能是为了实现经验的个体性，个体性也是对经验整体性、整合或自我归属的感知"[3]。这样看来，杜威所说的"一个经验"就变成了一个复杂的概念，却又是其哲学的本体论基础。正如他自己所说的，"一个经验具有模式和结构，这是因为它不仅仅是做与受的变换，而是将这种做与受组织成一种关系。将一个人的手放在火上烧掉，并不一定就得到一个经验。行动与其后果必须在知觉中结合起来。这种关系提供意义；而捕捉这种意义是所有智慧的目的"[4]。在这段话中，他指出了经验不但有做（doing）的一面，还有受（undergoing）的一面，前一面强调人对环境的主动性，后一面则强调环境对人的主动性，这两者就形成了经验的双重过程，却统一在知觉中，由此提供意义。这就是经验的模式，而经验的结构就是做与受。因此，在他看来，

① ［美］约翰·杜威：《艺术即经验》，高建平译，商务印书馆2018年版，第41页。
② 高建平：《读杜威〈艺术即经验〉（一）》，载《外国美学》2014年第1期，第248页。
③ 徐岱：《杜威的艺术即经验论》，载《美育学刊》2016年第2期，第6页。
④ ［美］约翰·杜威：《艺术即经验》，高建平译，商务印书馆2018年版，第51页。

经验既不是主观的,也不是客观的;既不是精神的,也不是物质的,而是一种交互关系。正如美国学者所说,"经验就是同时进行的行为和经历的统一体"①。这里的"行为"是"doing"的译文,"经历"是"undergoing"的译文。

这种经验在杜威哲学中从起初就蕴涵着审美意识。他说,"由于经验是有机体在一个物的世界中斗争与成就的实现,它是艺术的萌芽。甚至最初步的形式中,它也包含着作为审美经验的令人愉快的知觉的允诺"②。毫无疑问,这句话就揭示了杜威关于艺术经验论的思想,换句话说,艺术并不是理念的显现,也不是形式规则,艺术乃是一个经验。有机体与其环境交互行动的经验是艺术起源的基地,也就包含了艺术一切要素的形成。"由于这种经常放弃现在而投向过去和未来,那种当下所完成的,将自己投入到对过去的回忆和对未来的期待的经验,逐渐构成了一种审美理想"③。从这个角度上看,审美的经验并不是个人的,而是共通的,都是基于过去的回忆与未来的希望而产生的知觉,因此,这个经验是可以为许多人所共享。

当杜威驳斥那些博物馆艺术、高雅艺术、为艺术而艺术,以及那些工业化的艺术思想时,他就指出这些思想将活生生的艺术投放在死物之中,歪曲了艺术理论的真实来源。因此他说,"理论所要达到的理解只有通过迂回才能实现;回到对普通或平常的东西的经验,发现这些经验中所拥有的审美性质"④。回到平常经验,回到日常生活,甚至回到田野,才能发现真正的艺术作品。为此,他就以"一个经验"为其艺术哲学的基石,而建立起他的美学思想,

---

① [美]罗伯特·塔利斯:《杜威》,彭国华译,中华书局2002年版,第53页。
② [美]约翰·杜威:《艺术即经验》,高建平译,商务印书馆2018年版,第22页。
③ [美]约翰·杜威:《艺术即经验》,高建平译,商务印书馆2018年版,第21页。
④ [美]约翰·杜威:《艺术即经验》,高建平译,商务印书馆2018年版,第12页。

其中包括了艺术的表现形式、艺术对象、艺术形式和实质,以及艺术的文明形式、艺术的道德性等问题,从而将艺术赋予一种自下而上的精神气质,全然建构起人类的生活世界。

基于艺术经验论,杜威说,"美就是对通过其内在关系结合成性质上整体的质料的圆满运动的反应"①。显然,这是一种活动论思想,即把美看成一种经验活动而成的结果,而非一种结构性的要素组合,它是一种动态的过程,而非一种静态的构成。同样,他认为,"艺术以其形式所结合的正是做与受,即能量的出与进的关系,这使得一个经验成为一个经验"②。他对审美的认识也是这样的,他说,"使一个经验成为审美的独特之处在于,将抵制与紧张,将本身是倾向于分离的刺激,转化为一个朝向包容一切而又臻于完善的结局的运动"③。"审美情感是通过对客观材料的发展和完成而变化了的天然情感这一事实,是显而易见的"④。由此,我们就看到,杜威关于审美经验的界定也是从一个经验而来的。

这种从经验来加以定义的艺术与审美就始终贯穿于整个人类社会的不同文明形态的发展史中,即使在较为落后的文明形态中也同样具有审美的相通性、具有相通的艺术认识方式。因此他说,"从根本上讲,这种审美性质对希腊人、中国人和美国人来说是相同的"⑤。这种相通性的存在是取决于艺术与审美经验早已镶嵌于人类作为活的生物与其环境的交互活动,而这种活动给予整个人类的文化特性。诚如他所说的这一段话,"艺术是一种性质,它渗透在一个经验之中;除了比喻的说法以外,它不是经验本身。审

① [美]约翰·杜威:《艺术即经验》,高建平译,商务印书馆2018年版,第151页。
② [美]约翰·杜威:《艺术即经验》,高建平译,商务印书馆2018年版,第56页。
③ [美]约翰·杜威:《艺术即经验》,高建平译,商务印书馆2018年版,第65页。
④ [美]约翰·杜威:《艺术即经验》,高建平译,商务印书馆2018年版,第91页。
⑤ [美]约翰·杜威:《艺术即经验》,高建平译,商务印书馆2018年版,第384页。

美经验总是超过审美。在它之中，一个内容与意义的实体，本身并非是审美的，却在它们进入到朝向其圆满的有规则的有节奏的运动之时，才成为审美的。物质本身在很大程度上具有人性。审美经验的材料由于其人性——与自然联系在一起，并作为自然一部分的人——而具有社会性。审美经验是一个文明的生活的显示、记录与赞颂，是推动它发展的一个手段，也是对一个文明质量的最终的评判。这是因为，尽管它为个人所生产与欣赏，这些个人的经验内容却是由他们参与其中的文化决定的"①。这就充分地表明了杜威把艺术与审美经验放在人类文明的基础性的地位上。他把经验拓展到人类的整个生活，并以完整性统摄经验的延续性，赋予经验以自然的根基和社会历史的维度，展现出艺术的无限丰富的形态。正如学者高建平所说，杜威关于艺术经验的阐述"恢复作为艺术品的经验的精致与强烈的形式，与普遍承认的构成经验的日常事件、活动，以及苦难之间的连续性"②。

　　这也正如美国学者舒斯特曼所认为的那样，杜威在艺术经验的认知过程中强调打破博物馆式的"静观"，强调参与性、体验性的感知，杜威的艺术经验论是英美传统无可相比的思想，开创出实用主义美学范式。他写道："对杜威来说，艺术的本质和价值，不只是存在于我们典型地视为艺术的人工制品之中，而是存在于创造和感知它们的动态和发展的经验行为之中。"因此，"杜威将艺术定义为一种'经验的性质'，而不是一个物体的集合，或一个仅被这些物体共有的实体性的本质；审美经验因此成为了艺术哲学的基石"③。

---

① ［美］约翰·杜威：《艺术即经验》，高建平译，商务印书馆2018年版，第377页。
② 参阅［美］约翰·杜威：《艺术即经验》，高建平译，商务印书馆2018年版，译者前言。
③ ［美］理查德·舒斯特曼：《实用主义美学》，彭锋译，商务印书馆2002年版，第45—46页。

杜威将艺术定义为审美经验的首要目的,是要打破艺术博物馆概念那种窒息艺术生命的统治力量,而这种力量实际上是由我们对艺术的神圣化客体的过分偏爱所巩固起来的。他说道,"因为审美经验,即使是对所谓静态艺术的沉思,总是一个短暂的进行着的和经历着的动态过程,在那里,经验被累积发展并达到完满;在那里,感知者像创造的艺术家一样,通过他自己参与的贡献的活力而被攫住和推向那种完满,这种活力通过被如此地参与和吸引而感到满足和生命力得以增强"[1]。

显然,这种对审美经验的评价是有所高估的,但杜威主要是以审美经验来对艺术本质做出更广泛的理解,这种想法无疑是超前的。他以此来阻止艺术走上工业化的道路。如果以杜威的时代背景来诠释这种思想的卓越性,那么这更能领悟到他在科学主义与人文主义之间要走出一条中间道路的动机。一方面,杜威并不反对科学主义和技术主义的社会作用;另一方面,他也不想排斥人文主义的社会作用。因此,杜威想从达尔文主义中吸取生物进化论中有关环境选择的思想,并从工具主义中吸取审美效用的行动论思想,将这两种思想结合起来成为一种自然经验主义关于审美经验的可操作性思想。

这种带有折中主义倾向的审美思想,在科学主义相当盛行的理论中,正如近代西方学者阿诺德·贝林特所认为的那样,"西方人对于科学技术的关注——经验的原子模式在这里似乎非常有效——事实上可能为我们提供了一个误导性的范式"[2]。他就开出了科学人文主义的药方,拒绝了科学方法是唯一认识世界的方式,

---

[1] [美]理查德·舒斯特曼:《实用主义美学》,彭锋译,商务印书馆2002年版,第45—46页。

[2] [美]阿诺德·贝林特:《艺术与介入》,李媛媛译,商务印书馆2013年版,第16页。

其中他更高举艺术认识世界的方式。他说,"审美活动与理智活动之间的区别在于对活的生物与其周围环境间相互作用的持续节奏过程的强调之处不同。……科学工作者相比之下更为远离其目的,用符号、语词与数学代号工作。艺术家以他工作用的媒介种类本身来思考,他的手段与他所制作的对象是如此接近,以至于使前者直接融入后者"①。杜威把艺术看成认识世界的方式,主要在于他将艺术看成是一种经验的能动性,是通过对世界的感受来认识世界的,而不是通过科学认知。虽然认知也是不能缺少的认识工具,但是,感受也是不能缺少的,它更能使人与其环境建立起内在联系。因此,他又说道,"科学给予这一行动以智力支持。对自然与人之间关系的感受,总是以某种形式成为对艺术起触发作用的精神"②。如果不能排除艺术作为一种人与自然之间的认识关系,那么,阐明由艺术和审美经验所构筑的生活世界就变得越来越重要了。

从杜威的艺术经验论中,我们至少可以领悟以下三个要点,对古村落艺术保护理论起到了奠基性的作用。

第一,艺术经验论从艺术创作过程中阐明了古村落艺术的审美性。艺术创作、欣赏和审美经验的形成都是一个基于经验能动性的过程,并不是一种预先的精心设计,而是一种由创作者与其环境交互活动而长期形成的经验,使其各种审美要素得以统一起来,而达到其节奏性的完整,并通过对各种客观材料的改变和完成,最终赋予其一个整体性的意义。这就揭示出艺术与日常生活的紧密联系,将艺术的道德教化功能也涵盖在内。正如美国学者所指出的那样,"杜威之方法的核心,在于将伦理学理解为帮助人们更丰

① [美]约翰·杜威:《艺术即经验》,高建平译,商务印书馆2018年版,第17—18页。
② [美]约翰·杜威:《艺术即经验》,高建平译,商务印书馆2018年版,第392页。

富地生活,更敏于事情,以及更加充满情趣地介入生活的艺术"①。
这种从日常生活中产生艺术的思想无疑给民间艺术的创作与欣赏
提供了理论支持,为古村落艺术的审美经验带来了诠释空间。因
为古村落艺术的形成正是来源于创作者在日常生活中不断锤炼出
来的手艺活动,而这种活动正是杜威所理解的人与环境的交互活
动。因此,这种艺术形成理论正好解释了古村落艺术的形成过程。

　　第二,艺术经验论从艺术的内在特质中阐明古村落艺术的正
当性。杜威认为艺术并不是要科学化的对象,也不是要做科学的
附庸产品,而是要与科学一样,同作为人与环境交互活动过程中的
一种认识方式,表达人们认识世界的能力。艺术是审美活动,而科
学是理智活动,都是对活的生物与其周围环境间相互作用的持续
节奏过程的把握,只是它们各自的强调点不同而已,审美强调的是
感受,科学强调的是认知。感受带来的是生命的体验与欣赏,科学
认知带来的是对象的知识与操控。但他认为,艺术是人类文化性
质的最后尺度,审美活动给予人类活动的生活意义,而一切直接通
过语词和规则所教导的东西,于此都是苍白无力的。这种思想无
疑为民间艺术及其审美活动注入了新鲜活力,并以此校正了艺术
哲学对古村落艺术的错误认识,使得美的经验随着人类生活经验
的丰富而变得随处可见。这为解释古村落艺术保护提供了一种强
有力的理论辩护,原来被认为不能登上艺术殿堂的古村落艺术却
因这种艺术经验论而得到了正名,反而成为人类审美活动的过去
与未来的祈向。

　　第三,艺术经验论从审美价值上辩护了古村落艺术的真实性。
杜威提醒人们不要以为只有那些能够进入博物馆或收藏库的东西

---

① 〔美〕斯蒂文·费什米尔:《杜威与道德想象力》,徐鹏、马如俊译,北京大学出版社
　2010年版,第138页。

才是艺术作品,才是具有审美价值的收藏品,需要人类社会做出精心的保护。相反他认为,西方兴起的博物馆制度其实是受制于资本主义的生长,只是资本"使之成为艺术品的合适的家园,对于推进艺术与日常生活分离的思想,都起着强有力的作用"。他又说道,"欧洲的绝大部分博物馆都是民族主义与帝国主义兴起的纪念馆"[①]。因此,这种博物馆里的艺术并不是真正体现人类真实生活世界意义的东西,而只有那种促使人们将艺术的眼光投入人类社会生活世界之中的艺术,才能将艺术的表现形式、审美经验的形成机制都关联到人与自然的关系之中。这种艺术恰恰是在人类社会现实的生活经验中生产出来的,它才构成艺术品经久不衰的生命力,因为它们并不仅仅局限于艺术的表现手法,而更是在于其意义世界的创造。它们将世界的秩序、节奏、道德、希望等文化性质融合成为一体,整体地代表着人类现实生活的审美价值。这就为我们理解古村落艺术的审美价值建立了坚实的理论基础。

第二节 古村落艺术的审美价值

古村落不但以其历史悠久、文化底蕴深厚而得以著称,而且常常是以其艺术资源表现出来的。但是,这种显示在古村落的艺术形式常常是作为我们耳熟能详的民间艺术类型而表达出来的。因此,在此所谈到的古村落艺术在其本质上就是民间艺术范畴,但其表现形式却具有村落的地方性,甚至在创造上也独具其地方特性,即使创作相同的对象物,也会因不同的村落地域而使得艺术作品具有其村落自身独有的文化意义。从这种意义上讲,古村落艺术就是民间艺术。

[①] [美] 约翰·杜威:《艺术即经验》,高建平译,商务印书馆2018年版,第7—9页。

所谓的民间艺术就是指那种离不开"民""民间"的艺术表现形式。在《说文解字》说,"民,众萌也"。在春秋战国时期有"四民"之说,如《穀梁传》写道,"古者四民:有士民,有商民,有农民,有工民"。又如《管子》所言,"士农工商四民者,国之石也"。这里的"四民"之"民"主要指与"贵族"或"官僚"相对的生产者。到了秦汉时期,"民"就有指称"众人"的意思。在现代,随着"人民""国民""公民"等概念的出现,"民"的外延就进一步扩大。然而,"民间艺术"的"民",并非来自"四民"之"民",而是出自"民俗"之"民",主要是指乡土社会中的农民以及手艺人,有着相同审美趣味与文化精神的稳定的社会群体。它不是泛指与官方或者精英阶层相对的一般意义上的民众或大众。而"民间"是指农民的生产、生活空间,即乡村、村落。因此,"民间艺术"就可以理解为"传统社会中农民的艺术,它的创作者的身份不一定是农民,但是其艺术必定体现农民的审美情趣和乡土文化精神"①。

可见,民间艺术与古村落是紧密关联的。民间艺术往往是出自村落居民之手,并在某个村落或不同村落中流传下来。因此,古村落艺术就是民间艺术的集合,而民间艺术就是古村落艺术的本质表达,以反应乡土情感的审美经验,以反映民间社会的艺术创作程式。从杜威的艺术经验论上看,这种艺术比现在学院派的艺术更具有艺术的原始本质,蕴含着一种人类社会整体教化功能该有的审美活动及艺术价值。在下面为了使论述能达到一种普遍性意义,行文就以讨论民间艺术的方式来理解古村落艺术的审美价值。

---

① 参阅季中扬:《民间艺术的审美经验研究》,中国社会科学出版社2016年版,第2—5页。

一、民间艺术的分类特征

民间艺术的分类会因分类标准或理解不同而有着各种各样的分类特征。常见的有按照材质来分类,这就有纸、布、竹、木、石、皮革、金属、泥、陶瓷、草柳、棕藤、漆等不同的民间工艺;也有按照制作技艺来分类的,这就有了剪刻类、塑造类、织绣类、编织类、绘画类、雕镂类、扎糊类、表演类等;也有按照功能来分类的,这就有了建筑装饰类、日常器物类、节俗礼仪类、祭祀供奉类、观赏把玩类、游艺表演类、染织刺绣类等。然而,从民间艺术所具有的基本特质来做分析,我们就会发现民间艺术的第一个特质就是所有民间艺术必然深入于创造者的日常生活世界,与其生活习俗打交道,是一种常人的审美经验;第二个特质是所有民间艺术必然都是出自某个特定的地域,带着其浓厚的地方色彩,并将其地域性的人文交流提升为一种审美经验;第三个特质是所有民间艺术必然要取决于其使用民俗方言对整个生活世界的观看方式。这些特质就构成了一切民间艺术进行创作的源泉。因此,按照民间艺术创作的这三个特质,民间艺术的分类就会相应地分为日常生活中的艺术形式、地域文化中的艺术形式和民俗文化中的艺术形式。

1. 日常生活中的艺术形式

正如迈克尔·欧文·琼斯所言:"民间艺术的独特之处在于,它是日常生活中个人或大众的交流、互动、艺术表达和传统行为;它存在于人群之中,无论人们身处何时、身在何地,无论他们的文化适应能力怎样、现代化程度和教育程度如何。"[①]它是一种处在民

---

① [美]迈克尔·欧文·琼斯:《什么是民间艺术?它何时会消亡——论日常生活中的传统审美行为》,游自荧译,载《民间文化论坛》2006年第1期,第52页。

众生活之中的,与日常生活不可分离的,一种生活化的艺术。

民间艺术在日常生活中的存在,如胡俊涛所说:"劳动者把生命维系过程与艺术创作直接沟通,并作为联系生活的主要方式,因此,它的生产创造遍及生活的每一个角落,从日常生活用品、劳动工具,到生老病死、四时八节的节令方物,应有尽有。"[1]因日常生活的需要,而进行的"艺术性的改造",如在生活中的儿童玩具,民间玩具历史悠久,是人们为满足儿童爱玩的心理需求而制造娱乐活动的器物。它展示了人性的幽默、机智、调皮与欢乐,其玩具的材料也是与日常生活紧密相关,甚至可以说是日常生活所用之物的艺术再造,如布鸡、布老虎、布娃娃、面人、陶塑、纸玩具、编制玩具、糖人等,为人们喜爱,并广泛流传于民间。而这些在劳动者看来可能本身就是一种平常、自然之态,平常的就像生活的一部分,尽管在我们看来民间艺术在日常生活中处处可见,但对于民间艺人来说,却是夹杂着几分平淡之意,他们认为这就是生活。正是这种"淡泊"之心,也使得民间艺术源远流长。而这些民间艺人就像是艺术的奠基人,他们在生活中自然的创造,心中的美好情感是艺术与生活的生命之源。

季中扬在总结民间艺术是日常生活的艺术时,从三个方面进行了阐释:其一,民间艺术在日常生活中随处可见。他甚至说,在手工时代,日常生活中的一切用具莫不是民间艺术品;其二,各种形态的民间艺术品在日常生活或节庆中往往有着直接的实用目的,对于民间艺术家而言,其艺术活动同时也是日常生活中的一种谋生手段;其三,民间艺术虽然讲究实用,但同时渗透着审美意识,并不辜负"艺术"这一称谓。[2]从这三点可以看出,民间艺术

---

[1] 胡俊涛:《中国民间美术概论》,中国建筑工业出版社2013年版,第44页。

[2] 季中扬:《民间艺术的审美经验研究》,中国社会科学出版社2016年版,第40页。

的生活性是其极为重要的特征之一。相对于"纯艺术"而言,它不属于高于生活的高雅艺术,它是呈现民众日常生活空间中的艺术,表达的是民众的生产与生活,它的创作和审美都离不开日常生活的情境。当代著名民艺研究专家张道一认为:"民间艺术是同广大人民的生活关系最密切的,就其主流而来说,多带有实用性,既保持着本原文化的特点,又是本元的。虽然有一部分也带有'纯艺术'的特点,但仍距其实用性分离不远。"① 它首先是直接为日常生活服务,而不是单纯为了审美鉴赏。如果民间艺术散失了其生活的鲜活性,也就散失了它的本真性。且不说日常用具如各地的陶瓷器、青花鱼盘、砂器、各种材料的编织用具,还有伞、扇、杖等,即便是造型和工艺美轮美奂,但也是直接为日常生活服务的;又如剪纸、农民画、刺绣等,看上去好像不是生活用品,但是创作这些的目的也不是为了收藏或展示,而是为了在某些特定的节庆日、特殊的场合中使用的,在节日过后,就算是再精美的剪纸也不会有人格外地珍惜或收藏。

因此,我们在电视里看的唱戏、说书,在美术馆里看的农民画、剪纸、刺绣等艺术作品,与在村落中所见的艺术作品的真实场景有非常大的差异。这也可以说,民间艺术的生命力是存在于生活情境中的,脱离了民间生活情境及其实用性场景,民间艺术就会缺失了其鲜活性,犹如标本存放在展览馆,任凭观者去想象而已。

2. 地域文化中的艺术形式

在一定地域中的生活,往往因其地理、气候、自然资源等环境因素的差异和人们在需求上的差异而呈现出不同的生活方式,也就造成了不同的风土人情、民俗民风的生活情境。中国多民族以及多元文化的历史渊源,也就决定了民间艺术具有地域性的基本

---

① 张道一:《张道一文集》,安徽教育出版社1999年版,第502—503页。

特征。不同地域的人们在社会实践以及改造自然的过程中所采取的观念、方式和技艺等主观因素常常有所差异,这也就使得生产者创造出来的社会文化形态、文化传统就有着明显的地域性。譬如,我国南北方自然环境的差异,北方地区形成的是以黄河流域为中心,其饮食是以小麦为主,而南方各省则以长江流域为中心,形成的是以水稻为主的饮食特色。由此而体现的民间艺术也呈现出不同的形态特征,在南方地区,比较具有民间艺术特色的是以米粉为原料制作的各种特色的点心,如板梁村的乌饭、糍粑、米粉、茶礼盒等。而北方地区最具民间艺术特色的是“礼馍”,用小麦粉或玉米粉、豆粉制作而成,在我国山西、河南、山东、陕西等地甚是流行。

一方水土养一方人,区域性的社会文化传统塑造着区域内的居民文化性格,不同地域的社会历史、自然地理环境和文化生态、生活生产习俗、信仰等都影响着民间艺术文化特征的形成。也正因为民间艺术的区域性特征,使其呈现丰富多姿的艺术形态,蕴含其博大精深而又具多样性的文化内涵。

正如艺术人类学家弗斯所说,“所有的艺术都产生于一定的社会场景中,并且其背景体现在特定的信念和价值体中”[①]。这无疑指出了不同社会场景就会产生不同的艺术形式,并因不同的信念和价值而显示其不同的艺术价值。其实,一个艺术家所在的社会场景必定是其生活的特定环境,而这个特定环境就成为其艺术的来源。因此,同样是刺绣,我们可以区分出湘绣与苏绣的不同,原因并不在于其制作方式上不同,更在于制作者所生活的地域不同,由于制作者的动机与信念甚至价值观都源自其自身的生活经验的升华。正如杜威所说,艺术源自有用的经验,一个生活于日常的经

---

① 参阅罗伯特·莱顿:《艺术人类学》,李东晔、王红译,王建民校,广西师范大学出版社2009年版,第48页。

验,而领悟到其表现形式,从而表达了其精神的愉悦性。正因为这种地域性就决定了民间艺术的丰富性和多样性。

3. 民俗文化中的艺术形式

每个民族地区都有其不同的风俗习惯以及历史悠久的文化传承。张紫晨先生对"民俗"解释为:"创造于民间、传袭于民间的一种文化现象。它是一个国家、民族历史上传承下来的民间文化现象。特别是人们所创造的物质文化与精神文化当中带有传承性的行为、生活习惯、思想意识、工艺美术等。"[①]而民俗具体表现,胡俊涛认为:"在社会组织、日常起居、岁时节令、人生礼仪、劳动娱乐和民间信仰等方面,或是语言、行为来表现,或是以文学、艺术来表现,更多的是相互渗透、结合,形成了错综复杂的文化现象。"[②]可见民间艺术根植于民俗、民间信仰与民间文化传统。从某种意义上说,民间艺术是民间风俗的反映,民俗文化也是民间艺术的土壤与奠基石。缺乏对民俗的了解,也就很难理解民间艺术的表现形式和内容,更无法掌握它的审美以及演变规律。如我国岁时节令中的民间艺术,如果不了解中国人的农耕文化,从事农事的周期节令、春种、夏长、秋收、冬藏、四时八节、二十四节气等这种顺乎自然节律的生产方式以及体现的生活习俗,就很难理解接连不断的岁时节令把民间艺术由年头至年尾贯穿起来。以春节为例,春节可以说是盛大的民间艺术节,是中华民族最具民族特色的节日,各种民间美术、民间表演等为春节带来节日的喜庆气氛,各种剪纸、年画、窗花、花灯、面塑、传统玩具、戏剧、歌舞等在节庆中展现,让人目不暇接。我国少数民族也有众多的节日,如傣族的泼水节、蒙古族的那达慕大会、水族的端节、高山族的丰收节、彝族的火把节等,

---

① 张紫晨:《民俗学与民间艺术》,载《中国民间工艺》1988年第6期,第13页。
② 胡俊涛:《中国民间美术概论》,中国建筑工业出版社2013年版,第38页。

在节日中的表演、舞蹈、歌曲、乐器以及各具特色的刺绣、服装、头饰、道具等，都少不了民间艺术为节日的点缀、渲染和烘托，民间艺术已经成为民俗活动中的重要组成部分。民间的人生礼仪中，从出生礼、婚礼、庆寿，最后到丧礼，可以说"人的一生，从民间艺术开始，又以民间艺术结束"。中国人的这四大礼俗遵循一定的社会化礼俗规范，又各具民族特点，在这些礼俗中也离不开民间美术为其服务。如民间的庆寿习俗与我国的"孝道"文化有着直接关系，为长者祝寿，年纪越大，庆典越隆重，有为老人做的寿桃、新衣、寿鞋，也有请民间画师创作的"寿星像""福禄寿三星图""八仙庆寿""鹿鹤同春"等吉祥长寿的民间美术。

可见，民间艺术一开始就不是为艺术而艺术的，它是民俗活动的载体，是表达民俗文化及信仰的媒介。民间艺术与民俗文化的关系，正如钟敬文所说："忽视民间艺术，就不可能真正了解民族文化及其基本精神。不将民间艺术当作民俗现象来考察，不研究它与其他民俗活动的联系，也就使民间艺术失去了依托，不可能对民间美术有深层的了解。"[①]

从这个意义上说，民间艺术是出自最基本的日常生活的需要而产生出来的审美经验总结。它不仅仅是某个特定历史阶段的产物，它更是一种具备永恒价值的文化形态，因为它总是根植于某种生活方式、某种地域、某种民俗的文化交流中，而这种交流是整个人类社会存在的最基本方式，因此民间艺术不可消失，古村落艺术也不可消失，因为它们总会在人类能够生存的地方被种植出来。

---

① 钟敬文：《话说民间文化》，人民日报出版社1990年版，第117页。

二、民间艺术的审美特征

这种被种植出来的民间艺术总是带着其与生俱来的审美特征来表达其艺术的审美价值。因此,对这种艺术的审美就不能将它孤立出来,以各种形式美的条件来加以审视,而要深入其种植的环境,以参与的方式、体验的方式来经验它,从而领悟它的美感。这就要求人们从对象式审美转向介入式审美,从视听式审美转向身体式审美,才有可能看到民间艺术的愉悦性。

1. 从对象式审美到介入式审美

自18世纪开始,民间艺术曾被排除在"美的艺术"范畴之外,甚至被认为不是艺术。这主要出自康德为代表的天才论思想,他认为,艺术是出于纯粹的审美目的,是无社会功利性;艺术家应该是突出个性创作。譬如,康德说,"关于美的判断只要混杂有丝毫的利害在内,就会是有偏心的,而不是纯粹的鉴赏判断了"[①]。这样,能作为审美的对象就会从日常生活中抽离出来,并使其成为无利害关系的纯粹的审美对象。那什么是美呢?康德主要从四个契机中给予美的分析,首先从鉴赏判断关于事物有没有功利性中分离出美的性质,他说道,"鉴赏是凭借完全无利害观念的愉快感和不愉快感对某一对象或其表现方法的一种判断力。一个这样的愉快的对象就叫做美"。接着,他从鉴赏判断关于事物具不具有愉悦普遍性上分析美的性质,他就说道,"凡是那没有概念而普遍令人喜欢的东西就是美的"。再者,他从鉴赏判断关于事物有没有目的性上分析美的性质,他就指出,"美是一个对象的合目的性形式,如果这形式是没有一个目的的表象而在对象身上被知觉到的话"。最后,他从鉴赏判断关于事物所具有的愉悦的样态中分析

---

① [德]康德:《判断力批判》,邓晓芒译,杨祖陶校,人民出版社2002年版,第39页。

美的性质，他指出，"凡是那没有概念而被认作一个必然愉悦的对象的东西就是美的"①。总之，康德的四个判定就为纯粹的美学原理奠立了框架，不管后来形成的客观主义美学，还是主观主义美学，都离不开康德对美的极致分析，其中蕴涵了一种自然美与艺术美的分离，同时将艺术美的至高原则赋予形式。

　　这种审美经验分析的最终结果就是将艺术活动区分于真实生活，而将它移交"给一个独立领域"——博物馆、剧院和音乐厅。接着，谁能享受这种"无利害的""高贵的"艺术呢？谁能够花足够的时间和精力甚至热情，在与人们的个人生活需要无关的东西上，就其形式去细读和感受呢？显然，只有那些拥有安逸、闲暇和财富的人，在其个人根本需求得到充分满足的人，即"在社会-经济上和文化上享有特权的人"②。然而，对于康德的审美判断，美国学者舒斯特曼在《实用主义美学》中指出，"康德的美学自然主义，表达了一种非常空虚和干枯的人性观念"③。以此反观杜威的美学思想，他就进一步指出，"艺术的作用，不是为了达到纯粹空灵的经验而否定人的自然和机体的根基与需要，而是给出一个不仅令我们的身体层面而且令我们的精神层面都感到满意的完整的表述"④。在这个意义上，笔者把康德的美学思想看成是高雅艺术的奠基之石，而把杜威的美学思想看成是民间艺术的理论阐明。正如杜威所认为的，"在每一种艺术和每一个艺术作品的节奏下面，都有联系生物体及其环境的基本样式""艺术的目的是以其统一

① ［德］康德：《判断力批判》，邓晓芒译，杨祖陶校，人民出版社2002年版，第45、54、72、77页。
② ［美］理查德·舒斯特曼：《实用主义美学》，彭锋译，商务印书馆2002年版，第379页。
③ ［美］理查德·舒斯特曼：《实用主义美学》，彭锋译，商务印书馆2002年版，第22页。
④ ［美］理查德·舒斯特曼：《实用主义美学》，彭锋译，商务印书馆2002年版，第21页。

的生命力的形式服务于人的整体"①。这里所说的"人的整体"当然有双重含义：一是指人性的整体性，二是指所有的人。

从艺术要服务于所有人，就要联系所有人的审美经验，经典的美学理论因崇尚理性的思辨而将审美经验只归于天才人物，从而将人们日常生活的审美经验抛弃出去，反而将审美经验锁在象牙塔里面，与现实世界相分离。正如学者迈克尔·科比所认为的，"把审美经验看作是与世隔绝的、封闭的、与生活没有联系的看法，是传统美学一个完全不能令人满意的观点"②。也正如我国学者彭锋所指出的，康德所谓的审美经验是"强调审美主体对审美对象的外在静观"③，是一种分离式的审美经验。而杜威对审美经验的分析却带来了另一种"强调审美主体积极参与到审美对象之中"的介入式的审美经验。比如，人们阅读文学作品，或小说或诗歌，一旦进入小说的情节中或诗歌的意境中，就会与其中的人物或情境同喜同悲，仿佛身临其境，而忘记现实世界中的自己。又如美国学者贝林特举例说明了一种介入式的审美经验，他说，"中国古人对绘画作品的鉴赏，总是由三两童子一起手持着，徐徐展开，总之是处于审美主体正对着的某个特定的方位，绝不会如同音乐那样环绕着审美主体，而且，审美主体似乎一直保持着清醒的意识"④。这种审美往往是让审美主体进入主客体交融的移情状态，虽然他用主体来表达这种审美过程，但实际上这种审美过程是交互的，正如中国古话所说，"人在画中游"。他还认为，"欣赏者在完成艺术过程中的积极参与对于审美效果来说是不可或缺的。这并不只是

---

① ［美］约翰·杜威：《艺术即经验》，高建平译，商务印书馆2018年版，第155—156页。
② 转引自朱狄：《当代西方艺术哲学》，人民出版社1994年版，第345页。
③ 参阅彭锋：《现代美学神话的建构与解构》，载《文艺争鸣》2019年第4期，第72—78页。
④ ［美］阿诺德·贝林特：《艺术与介入》，李媛媛译，商务印书馆2013年版，第73页。

对情境的注意和兴趣,而是在知觉上,有时甚至在身体上对作品做出贡献"①。可见,审美经验的形成是开放的,这对于民间艺术来说尤其如此,使得不同的文化类型就会产生不同的观看方式,不同的地方习俗就会产生不同的审美经验。

因此,对古村落民间艺术的审美活动,是不同于穿着礼服坐在音乐厅和剧院里听音乐或看戏,也不是在博物馆和画廊里欣赏艺术名作,更不局限对文学名著的阅读欣赏,仅仅使用视听的方式就可以完成的,而是要动用全身,以身体的方式,让所有感官联动起来,身临其境地感受,参与其中。正如杜威所说的,感受比认知更能关联于世界的生活。

当我们走进博物馆,走进一个艺术展,出来时通常具有这样一种感觉,我们可能看到各种各样的藏品或者各种光影变幻的体验,如苹果、象棋、动物、海底世界、街道、建筑与交织的灯光等,给人们留下的印象都是一组混乱的奇观、知觉、幻想以及无从说起的评论,也许这些本身都被认为不错的艺术品,却不能在我们的脑海中持存,而是可以随时淡漠或去掉。因为一旦面对生活世界时,博物馆等里面的艺术经验就显得单调,甚至显得无病呻吟。

然而,民间艺术的艺术经验与日常生活密不可分,它是各种生活场景的造就,是人们日常生活规范的典型,因此,它的审美经验并不是一种天才的孤独,而是一种自然的雕琢,正如贝林特所说的,这乃是一种典型的"参与性审美"②。这也就是说,这种艺术的

---

① [美] 阿诺德·贝林特:《艺术与介入》,李媛媛译,商务印书馆2013年版,第42页。

② [美] 阿诺德·贝林特:《美学再思考:激进的美学与艺术学论文》,肖双荣译,武汉大学出版社2010年版,第11页。他说道:"参与意味着一系列欣赏的介入,包括我们对古典艺术相对压抑却仍然强烈的分享式注意,对浪漫艺术无法遏止的移情,许多民间艺术和流行艺术所唤起的主动表演。这些充满活力的参与,其程度因为艺术、历史、文化的实践而不同,尤其是,因为特别的艺术对象、欣赏者个人和特殊的场合而不同。"

审美活动乃基于创作者、欣赏者、使用者及其环境的相互建构。日本学者柳宗悦曾提出，"如果器物不被使用，就不会成其美。器物因用而美，人们也会因其美而更愿意使用"[①]。这就正好说明，人们使用民间艺术不仅无损于民间艺术之美，相反，使用恰恰成就了民间艺术之美。可见，"美"和"用"并非分离与对立，而是彼此呈现的，在美中显为用，在用中显出美。譬如，我们今天看到的诸多古建筑或建筑上的装饰是伟大的艺术品，但对于当时的人们来说，只是房屋建筑或表达崇敬之心的物外形态。那些被现代人奉为经典的许多古代艺术作品，在其生产之时，都与当地人的生活有着密切的联系。正如杜威所说的那样："黑人雕塑家所做的偶像对他们的部落群体来说具有最高的实用价值，甚至比他们的长矛和衣服更加有用。但是，它们现在是美的艺术，在20世纪起着对已经变得陈腐的艺术进行革新的作用。它们是美的艺术的原因，正是在于这些匿名的艺术家们在生产过程中完美的生活与体验。"[②]这种强调艺术经验与日常生活经验的连续性，建立起美的艺术与实用或技术的艺术之间的连续性，促使艺术回到了生活世界。美的艺术在生产过程中使整个生命体具有活力，使艺术家在其中通过欣赏而拥有他的生活。

古村落作为一种小规模的聚落，其艺术的创作者甚至对村落的每一个人都是熟悉的，也知道每一件作品的功用与使用目的。只有在具体的时空中对其诠释才算是最为完满。比如，姓李的剪纸艺人为姓张的村民剪纸窗花，肯定知道这些窗花是为春节用的，她便会自然而然地将诸多的喜庆元素剪出来，不管剪得多精美，也许春节过后，窗花也随之摘掉，待来年再剪；李村民请刘木匠打一

[①] ［日］柳宗悦：《民艺论》，孙建君等译，江西美术出版社2002年版，第169页。
[②] ［美］约翰·杜威：《艺术即经验》，高建平译，商务印书馆2018年版，第30页。

张床，肯定知道这张床是为结婚用的，他也会在其打造过程中赋予一些美满婚姻的图案纹样，如果若干年后他再见到此床，甚至还会津津乐道；还有"外婆给外孙做的虎头帽、虎头鞋，倾尽了老人对后辈的疼爱与祝福；母亲给孩子做的五毒兜肚，如祈福辟邪的画符，要靠它来保护孩子的平安；妻子给丈夫做的荷包，姑娘给情郎做的鞋垫，一针针一线线都是倾吐真情的'文字'，它们组合的图案花纹，是比文字更为真挚的情诗"[①]。这些艺术品，只有当事人使用，才能体会其中的情意。

　　民间艺术往往依附于日用器物，用来装饰日常使用的器具。它虽然重视实用，但也不缺乏艺术性。甚至一些纯粹实用的民间艺术类型也显示出人们对审美经验的强调，比如，日常生活工具，像轿子、马车、舟楫等，不仅讲究实用的方便，而且在造型上有意识地追求形式上的美感。"物尽其用""物以致用"的思想，使得民间艺人无时无刻不考虑保证或提高他们可能实现的审美价值。一套茶具不但要摆在桌上看、嗅、触摸，还要用它来喝水品茶；一双绣花鞋不仅要穿在脚上好看，还要舒适并寄付情意；一对门神贴到大门上，除了装饰还要驱邪纳福，这是民众精神需求和物质需求和谐统一的体现。还有如剪纸、刺绣、器皿、木器等，在日常生活中随处可见，人们使用它、把玩它，审美的愉悦就在日常之用中，而不是通过被静观或被分离的审美鉴赏对象来感知的。不仅民间造型艺术如此，民间的歌舞表演更是如此。民间的舞蹈或歌谣甚至不需要舞台，也不强调观众，与在剧院或音乐厅的静听完全不同。"民歌就像风一样飘荡在田间地头、河边山梁上，只要你愿意，你随时可以听几声，还可以和几句。民间舞蹈甚至可以说并非是观赏对

---

① 安琪：《群体精神的美学体系——民间艺术的理想、功能与价值》，载《文艺研究》1990年第1期，第98页。

象,而是直接要你参与其中"①。

民间艺术可谓是达到了"美的目的与实用目的的连续性"。民间艺术的艺术经验体现着杜威强调的"恢复审美经验同生命的正常过程之间的连续性"。因此,在理解或获得小传统或小社群中的民间艺术时,必须认识到其艺术和美的根源是基于"基本生命功能"和生命机体与自然万物(它的环境)之间交互作用的结果。

可见,这种根植于小规模社群的民间艺术,是来源于日常生活,并服务于日常生活的,它一直混迹于日常生活之中。这种艺术不同于精英艺术,它不是脱离生活的纯粹审美对象,而是与日常生活的实用性紧密相连。正因为民间艺术与日常生活经验密不可分,它是基于人作为有机体在日常生活中的自然需要、构造和行动的基础上,这种艺术以更有意义和更直接满足的方式,使人的有机体中更多的部分参与其中。它必须是参与其中的,也就是说它不能独立于日常生活获得它的审美感知。舒斯特曼甚至认为这是一种包括更高的思想复杂性的参与:"一件真正的艺术作品的制作,与绝大部分在那些以'知识分子'自居的人们中间进行的所谓思想相比,很可能要求更多的聪明才智。"②

2. 从视听式审美到身体式审美

一般来说,审美感知活动是依靠主体的审美感官来完成的。"感觉是我们进入审美经验的门户;而且,它又是整个结构所依靠的基础"③。审美的感知力是在审美客体的影响和刺激下,经由审

① 季中扬:《民间艺术的审美经验研究》,中国社会科学出版社2016年版,第133页。

② [美]理查德·舒斯特曼:《实用主义美学》,彭锋译,商务印书馆2002年版,第26页。

③ [美]H.帕克:《美学原理》,张今译,商务印书馆1965年版,第50页。

美感官而产生审美愉悦感的一种能力①。

西方美学中，较早规定了审美中的感知力主要出自柏拉图的论述，他曾在《大希庇亚篇》中写道："美就是通过视觉和听觉而来的快感。"②如果没有视听器官，美的快感是无法获得的。他由此说道，"我们如果说味和香不仅愉快，而且美，人人都会拿我们做笑柄。至于色欲，人人虽然承认它发生很大的快感，但是都以为它是丑的"③。然而，对于什么是美的问题，他却又给予一种绝对形式的规定，他说，"这些形状的美不像别的事物是相对的，而是按着他们的本质就永远是绝对美的；它们所特有的快感和瘙痒所产生的那种快感是毫不相同的"④。虽然美的事物是绝对的，但对美进行感知的审美经验却只能由视听才可获得。虽然美也表现为一种快感，但它并不是一种出自相对事物的短暂快感，而是一种源自绝对事物的持续快感。同样，亚里士多德认为，视觉为主要的审美感官，他曾写道，"视觉以其纯净而有别于触觉，听觉与嗅觉优于味觉"⑤。他认为视觉相对于其他感官更为纯净，并指出"能使我们识知事物，并显明事物之间的许多差别，此于五官之中，以得于视觉者最多"⑥。虽然亚里士多德并不那么绝对主张视觉的唯一性，但他主张视觉的优越性，就促使他坚持视觉主义的审美活动。

后来，这种以视听为主导的审美活动得到了长期的发展，从文

① 季中扬：《民间艺术的审美经验研究》，中国社会科学出版社2016年版，第81页。
② ［古希腊］柏拉图：《大希庇亚篇》，王晓朝译，载《柏拉图全集》（第四卷），人民出版社2003年版，第50页。
③ 北京大学哲学系美学教研室：《西方美学家论美和美感》，商务印书馆1980年版，第31页。
④ 北京大学哲学系美学教研室：《西方美学家论美和美感》，商务印书馆1980年版，第36页。
⑤ ［古希腊］亚里士多德：《尼各马科伦理学》，苗力田译，载《亚里士多德全集》（第八卷），中国人民大学出版社1994年版，第223页。
⑥ ［古希腊］亚里士多德：《形而上学》，吴寿彭译，商务印书馆1959年版，第1页。

艺复兴时期到19世纪为止，都被看为主流形态。譬如，达·芬奇认为，"被称为灵魂之窗的研究，乃是心灵的要道，心灵依靠它才得以最广泛最宏伟地考察大自然的无穷作品。耳朵则其次，它依靠收听肉眼目击的事物才获得自己的身价"[①]。在康德美学思想中同样认为，耳目才是"真正的鉴赏判断——作为形式的感性判断""视觉作为最高贵的感官，它的器官最少感受到刺激，因此更接近一种纯粹的直观"[②]。黑格尔同样强调视觉所感知到的模样、形状，能够达到"满足更高的心灵的旨趣，因为它们有力量从人的心灵深处唤起反应和回响"[③]。他甚至主张，"艺术的感性事物只涉及视听两个认识性的感觉，至于嗅觉、味觉和触觉则完全与艺术欣赏无关"[④]。显然，这种视听式的审美有其哲学的地位，从柏拉图的理念论到黑格尔的绝对精神论，都是居于观看世界的方式建立其世界本体。在此把基于视听觉为基础的审美经验称为视听式审美。这是构成西方美学传统中关于审美的主导范式。

19世纪以后，西方美学家开始对这种只有视听觉在场的审美范式有了质疑。譬如，德国美学家费歇尔曾说，"各个感官不是孤立的，它们是一个感官的分支。多少能够相互代替，一个感官响了，另一个感官作为回忆、作为和声、作为看不见的象征，也就引起了共鸣，这样，即使是次要的感官，也不会被排除在外"[⑤]。英国经验主义哲学家伯克也将触觉、味觉、嗅觉等视为审美感官。对于"触觉中的美"，他认为与"视觉所能接收到的同样愉悦有着紧

---

① ［意］达·芬奇：《芬奇论绘画》，戴勉译，人民美术出版社1979年版，第28页。

② ［德］康德：《科学之争、实用人类学》，李秋零译，载李秋零主编《康德著作全集》（第7卷），中国人民大学出版社2008年版，第149页。

③ ［德］黑格尔：《美学》（第一卷），朱光潜译，商务印书馆1996年版，第49页。

④ ［德］黑格尔：《美学》（第一卷），朱光潜译，商务印书馆1996年版，第48页。

⑤ 转自费歇尔：《谈谈英语中的Syn-aesthesia》，载《外语学刊》1986年第1期，第130—134页。

密的关联。我们的所有感觉都是相通的；这些感觉分属不同种类，也被不同种类的外在事物所触动，但却是以同一种方式被触动的"[1]。在伯克看来，视觉虽然能够感觉到色彩，但触觉也能够从适当的温热中发现新的愉悦，每种感官都有其通向美的敏感之路。这就产生了以听、触、嗅、味等不同感官所形成的审美观点，在审美的差异性与互通性中寻找审美的统一性。

因此，审美知觉一体化的主张逐步得到发扬。譬如，美国学者贝特林认为，那种"不仅展示了这种经验中的不同要素的一体化，而且也展示了各种感觉模态的联合，这种现象被称为通感（Synaesthesia）"[2]。在知觉心理学与现象学哲学结合，打破了将感官划分成不同的通道的做法，他觉得知觉经验有惊人的复杂性，其性质并不只是限于视听觉，而是将各种感官感知的经验相互结合，形成经验的连续性与统一体——"通感"。与其说这是各种感官的联合，还不如说这是身体统一的精神场。他继续写道："作为人，我们是文化的创造物，无法脱离联想和意义去感觉。事实上，感觉发展的过程是一个文化移入的过程，观点和信念通感在这个过程中体现在我们的直接经验中。这些意义和态度并不纯粹是理性的构造或感觉的内在实现，而是与感觉经验密切地融合在一起。"[3]这样，审美经验就不是单纯的理性或内在感的构造，而是联于身体的感知集合。

杜威在《艺术即经验》中更是认为，"艺术的生产过程与接受中的审美是有机地联系在一起的——正像上帝在创世时察看他的

---

① ［英］埃德蒙·伯克：《关于我们崇高与美观念之根源的哲学探讨》，郭飞译，大象出版社2010年版，第102—103页。
② ［美］阿诺德·贝林特：《艺术与介入》，李媛媛译，商务印书馆2013年版，第67—68页。
③ ［美］阿诺德·贝林特：《艺术与介入》，李媛媛译，商务印书馆2013年版，第68页。

作品,并发现它是好的一样"①。这就是说,艺术家在制作过程中,只有当他知觉满意时,制作才会结束。这种判断不仅仅是来自理智的和外在的,更是存在于直接的知觉之中。这也正是杜威所指出的,艺术正是在做与受的过程中产生出来的,本质上就是使一个经验成全为一个审美经验。而在这个审美经验中所有感官都是紧密联系在一起的,他说,"眼与耳的感性满足,当成为审美时,就是如此,因为它并非自身独立,而是与它自身是其结果的活动联系在一起。甚至味觉的愉悦对于一位美食家来说,也与对于那些仅仅在吃时对食物'喜欢'的人在性质上不同。美食家意识到比食物的滋味要多得多的东西"②。无疑,这是一种完全不同于以视听为主的审美方式,而是强调全身的审美作用。因此,有人把杜威的审美思想称为"身体自然主义"③,并以此与尼采的"身体美学"联系起来,表明通过身体而不是通过大脑来对美的存在进行领悟与接受。

这样,传统西方美学中的审美活动基于理性思辨而将审美感官分离对待,强调视听觉,排斥嗅、触、味觉。但随着现代美学发展,美学家开始强调审美经验的主动性及其本质上的参与性,承认感知者和对象之间的互动联系的重要性,认为审美活动中各种因素(包括感觉的、意识的、身体的和社会的)的积极参与,展现出审美经验的连续一体化的多维层面。在此可称之为身体式审美范式。它开始取代视听式审美范式,成为现代艺术发展的标志。

如果说西方传统艺术是建立在视听式审美下的,那么中国民间艺术就主要基于视、听、嗅、味、触建立起"五感"联动、积极参与

---

① [美]约翰·杜威:《艺术即经验》,高建平译,商务印书馆2018年版,第58页。
② [美]约翰·杜威:《艺术即经验》,高建平译,商务印书馆2018年版,第57页。
③ [美]理查德·舒斯特曼:《实用主义美学》,彭锋译,商务印书馆2002年版,第20页。

的审美经验。这跟中国传统哲学思想是紧密联系的,譬如,孔子说道:"饮食男女,人之大欲存焉。"他就肯定了人"欲"及其生理感官的合理性。庄子也在《庄子·至乐》中将"身安、厚味、美服、好色、音声"并列。荀子在《荀子·荣辱》中更是指出"目辨白黑美恶,耳辨音声清浊,口辨酸咸甘苦,鼻辨芬芳腥臊,骨体肤理辨寒暑疾养,耳目口鼻体之辨,生而有之,各执其职,无高低贵贱之分"。这种强调人的各种感觉器官之间的互通性,以及统一运作的功能,对于中国传统艺术的发展起到了指导作用。这也正好说明了中国绘画为什么不能生长出焦点透视法,而以散点或想象为布局的意境追求。

正因为中国传统美学思想并不以理性思辨为主导方向,所以它就更适合于当代西方"身体美学"的解释,更接近于身体式审美经验的阐明。首先,中国传统美学中对美的存在的理解是具有非常强的道德意义。从"美"的象形上就可得知,美是由上"羊"与下"大"所组成,"羊"者是吉祥、柔顺之意,如常言道,三羊开泰、吉祥等谐音,蕴涵"善""顺"之意。同时,"羊"中有个"王",表明"内圣为王"。这个"王"乃天下之"王道",王道联于天道、人道。因此,美者是要服从道德,服从礼、仁、智、善、信,服从法律法规,服从基本行为规范。"大"字犹如一个人肩上挑着一个担子,乃谓有担当,大者是大气、宽阔之意。因此,美者必大也,它必与天、地、人、道相合。

其次,从审美经验上看,中国传统并不太强调视听功能,而将身体的各种感觉要素综合起来,讲究气韵生动、意味无穷、意境高深等体验。譬如,学者张法认为,"中国文化中,与美感最接近的字,是'乐'。乐本来指音乐。在原始仪式中,诗、乐、舞、剧、饮食是统一的。音乐起到整合作用,所以泛华来指'快乐'——'它既包括听觉快乐,也包括视、味、嗅、肤觉快乐,还有着实用功利快乐的宗教神秘愉悦感'。"①"乐"看起来是一种声音,其实乃是一种仪式,都要将其他各种感觉参与进来才行。陈望衡先生在《中国古典美学》中也明确提出,"中国人最初的审美意识起源于味觉"②。还有认为,"艺术和美也最先见于食色。汉文'美'字就起于羊羹的味道"③。这种审美情趣看起来是不可思议的,审美怎么会与食欲相关联呢!这一定是起源于生存经验,只有在生活世界中才能找到这种审美经验的形成机制。这就印证了中国传统生活经验总结——"民以食为天"。当然,审美经验并不仅仅限于味觉,而是联动于其他感觉。譬如,钱锺书先生曾在《七缀集》中就"通耳于眼,比声于色"的"通感"进行分析研讨时指出,所谓"通感"即"在日常经验里,视觉、听觉、嗅觉、触觉、味觉往往可以彼此打通或交通,眼、耳、鼻、舌、身各个官能的领域可以不分界限。颜色似乎会有温度,声音似乎会有形象,冷暖似乎会有重量,气味似乎会有体质"④。这种"通感"还不同于当代西方美学所说的Syn-aesthesia,如果前者是说感觉的整体性应用,那么后者则是指"由一感官的刺激而引起其他感官反应的现象"⑤。譬如,王维的诗句"空翠湿人衣",就是由视觉引发触觉而达到意境深远的通感。这种审美现象在中国传统生活中随处可见,譬如,一边品茶一边闻香、一边饮酒一边看戏、一边耕种一边唱歌谣……这些都是在通感中到达主客相融、人物相忘的身体式审美方式。

譬如,以饮食为例。据《后汉书·显宗集注》所记"以糖做㹲

① 张法:《中国美术史》,四川人民出版社2006年版,第32页。
② 陈望衡:《中国古典美学史》,武汉大学出版社2007年版,第20页。
③ [日]笠原仲二:《古代中国人的美意识》,生活·读书·新知三联书店1988年版,第2页。
④ 钱锺书:《七缀集》,生活·读书·新知三联书店2002年版,第64页。
⑤ 钱锺书:《七缀集》,生活·读书·新知三联书店2002年版,第64页。

猊行,号曰狻糖"的饮食艺术。每逢春节,各地便会出现孩子们期待已久的"糖画",民间的糖画不仅是一种造型艺术,还是一种表演艺术。一般艺人会准备一个转盘,转盘上画有各种造型,有植物、动物、人物等形象,会请孩子们先转动转盘,选择造型。然后这些技艺娴熟的艺人,以勺作笔,糖浆作墨。热乎乎的糖汁在艺人手握的勺中时急时缓、时高时低地游行着,其手法或提、或顿、或放、或收,一瞬间,石板上已经出现了各种不同的形象,一般有飞禽走兽、卡通动漫等形象,生动至极,当石板上的糖汁渐渐晾干,再"嵌入一根竹签,再经一番刮、点、压、顿定型,用小铲刀轻轻地撬起,作品即成"①。孩子们从一开始的挑造型到拿到糖画,一般会先从各个角度观赏,再闻其香,最后才慢慢吃掉,在这种综合的、连续的、一体的感官体验中获得了极大的心灵愉悦感和满足感,以及完整的审美经验。

再如,我国北方最具特色的"礼馍"民间艺术,它是一种用小麦面粉或玉米粉、豆粉制作的各式花样的面食,主要流行于山西、河南、山东、陕西、甘肃一带。由于地域文化的不同,礼馍的造型也是千变万化、形态各异。民间艺术离不开民俗文化,礼馍也是主要用在民间礼俗中,如用在春节、婚礼、丧礼、寿礼中。一般做礼馍的民间手艺人是心灵手巧的家庭女主人,她们通过捏、剪、修、缀等手法,把一团面像变魔术一样变成了各种生动有趣的造型,如花花草草、十二生肖、建筑、戏剧人物等,蒸熟之后的礼馍再勾上彩,更增生气。整个过程用"色香味俱全"的体验来描述最为恰当。这些精心制作的饮食艺术品还传递着人与人之间的礼与情,使人们在各感官满足的同时也获得情感之间的传递,构成了完满的艺术经验。

---

① 李凯:《糖画艺术与糖花艺术》,载《四川烹饪高等专科学校学报》2006年第1期,第11页。

又如，以民间玩具为例。民间玩具是民间艺人所制作的"耍货"，逢年过节时出现在集市、庙会或走街串巷的叫卖中，供小孩们玩乐，也有为自己亲朋的孩子们所做的，这类一般不参与买卖，比较有随意性。民间玩具与民众的文化信仰、人生礼仪、岁时节令紧密相关。如外孙满月时由外婆赠送的"红布鸡""布老虎"，还有如逢旱灾，大人们让孩子们玩耍的有求雨寓意的"纸龙""土龙"，端午节的"五毒"香包，中秋节的"兔儿爷"，还有"核桃面人""手捏戏文""泥挂虎""布老虎"等。这些玩具造型呈现出多姿多彩的地域文化特质和艺术特色，既有一定的程式规律，如布老虎有头大、眼大、嘴大、尾巴长等特点，又可自由发挥。"在陕、甘、晋三省，虎与娃、虎与蛇、虎与鱼、虎与猴、虎与蝴蝶、虎与五毒等合体造型层出不穷"[1]。其奇特的造型既体现出地域民俗，同时又天真活泼、稚气可爱。有"生龙活虎"的雄壮造型也有可爱可亲的"娇娇虎"形象，既有气势又有韵味。"制作布老虎的材料及工艺也各不相同，较常见的是把棉布、丝绸缝制成形，内部装填锯末、谷糠、棉花或香草，表面用彩绘、刺绣、剪贴、挖补等手法描绘出虎的五官和花纹"[2]。布老虎除了可以供孩子们把玩，晚上还可以当做枕头，既具有把玩性、美观性又具有实用性，同时"虎"在民间文化中有辟邪驱鬼、求福、期望孩子健康强壮等吉祥的寓意。因此，布老虎作为一种日常中的儿童玩具，不仅具有视觉感受的造型及色彩之美，而且有香草、艾叶、谷糠等内在填充材料带来的嗅觉感官的愉悦，以及不同材料在不同工艺上带来的柔、软、硬、滑等触觉感官的需要，不仅是传承者民族文化中的古老记忆，其吉祥的文化内涵传达着长辈对晚辈的慈爱深情，从而将积累了视觉、嗅觉和触觉

---

① 胡俊涛：《中国民间美术概论》，中国建筑工业出版社2013年版，第192页。
② 胡俊涛：《中国民间美术概论》，中国建筑工业出版社2013年版，第192页。

感官的审美经验提升到了精神的层面。

　　综上所述,当审美活动从对象式转向参与式、从视听式转向身体式时,民间艺术就获得了艺术的正名,艺术就不再局限于博物馆、画廊、音乐厅、大剧院等场所,而是回归到田野、乡土、人民大众的生活世界。这种艺术就将美与用、艺术与道德、审美与生活结合起来,建构起人们现实生活的意义世界,满足人们在应对其生存环境的机体需要,也发挥其增进机体生命继续发展的希望,将过去与未来连成一个整体,生生不息,代代相传。因此,从人与自然之间永不停息的交互活动上看,这种艺术正是人类自身所要诉求的永恒对象,不但是生活,而且是美的生活。

第五章　板梁古村落艺术保护的
理论与实践策略

　　如果我们看到了人类社会对美的艺术的理解都是基于人类
社会自身的生活世界,从生活经验中萌芽艺术,产生人类的审美经
验,构建其生存的意义世界,那么,艺术经验论思想就不会失去其
美学史地位,也就不会失去其对艺术创作、审美活动的指导性作
用。从杜威的美学思想中找到了生活即艺术与艺术即生活的辩证
法,不但能解释艺术创作的生活根源,而且能解释艺术审美经验的
文化价值。由此,这种艺术理论就将原来被排斥的民间艺术或者
说古村落艺术带回到艺术殿堂,并赋予其坚实的哲学基础——身
体自然主义。这就使得人类的审美活动从对象式审美转向到介入
式审美、从视听式审美转向到身体式审美。这样,民间艺术或古村
落艺术就不再只是从属于高雅艺术或纯粹艺术的艺术附品,更不
会成为艺术之神的弃儿。

　　因此,为了更好地理解民间艺术或古村落艺术存在的审美价
值,下面就直接以板梁古村落的艺术资源为对象,进一步具体地阐
述古村落艺术审美价值真实存在的场景。

第一节　板梁古村落艺术的审美价值

　　每个民族或地区都有其艺术的表现形式,而这些艺术形式该

作如何解释？该如何获得其审美价值而得到保护呢？人们都会因各式各样的理论认识不同而有着不同的理解。但是，当人们联系日常生活来思考艺术经验时，人们就会发现古村落艺术唯有在参与式审美、身体式审美的视野中才能重获其审美价值。

本章基于第二章陈述的"板梁古村落的艺术类文化遗产"主题，并结合第四章的艺术经验论来对板梁古村落艺术做出审美价值的实证性分析。这种分析主要依据民间艺术的三种分类特征来加以展开。

一、日常生活中的艺术审美

按照艺术经验论思想，民间艺术算得上是真正的艺术。它不但是创作者生活经验的积累、升华，更是地方性的生活世界的整体性表现，从其实质与形式上看都是大自然的赋予，顺天道之运行。在板梁古村落中，日常生活中的艺术在水系景观与饮食文化中尤为突出。

1. 水系景观的天然雕琢

板梁古村落中的双龙泉流经整个村落，形成一道美丽的水系景观。这是需要通过介入式审美与身体式审美才能获得这种审美经验。它承载着人们在茶余饭后或劳作之余的愉悦心情，成为村民聚集交流或歇息的场所。在水系旁筑了个景观台，配上一道回龙轩巷道回廊，充满了生活气息。双龙泉泉水清澈甘甜，周围的村民们都习惯直接饮用井水，而客人来了，则到井里取水煮茶，配上村中特产"茶礼盒"传统小吃，别有一番人情风味。在回龙轩里观赏泉水从泉眼井中涌出，清澈见底，像一条透明的丝带滑过，时不时拍打着溪中的大小石头，潺潺的流水声有急有缓，有轻有重，仿佛在聆听自然的琴弦，感受着生命的动静之律。正如古人在茶轩檐联上所作的诗句："柳钓清晰月，茶烹古井春""香分花上露，饮石中泉"。此情此景令人身心怡爽，犹如人在画中游，使人通向那心领神会的境界。这就是自然景观在人文关怀之下所产生的无限的审美体验。

2. 饮食的艺术鉴赏

正如陈衡望先生所说，中国传统美学中关于审美意识的起源在于味觉。也正如中国文化关于美的解释乃是羊羹味道，都预示着饮食才是中国人审美经验的起源。在板梁古村落中，最令人注重的活动莫过于那种轰动全村的"周礼古宴"，因为它不但需要全村人的默契配合，还需要高超的厨艺，更需要"序尊卑之礼，崇敬让之节"，将仪礼、说唱、音乐和美食融为一体，集聚村民交流，滋养村民伦理气质，保存了儒家饮食文化的古风遗韵。这正如杜威所说的，艺术与道德同行不悖的思想。

除此之外，这里还有各式各样的茶礼盒，有兰花根、卷花片、油盏粑粑、红薯螃蟹、脆节、夹花片等，手工精巧。这不仅能满足食客的视觉感官需求，还带来味觉上的美味口感，在色、香、味上让人有美好的体验。制作点心的主要原料有糯米粉、粳米粉、面粉和红薯等，配料主要是黑白芝麻、红白糖、花生、豆子等。用这些材料通过不同的制作方法，每一种点心的工艺都不一样，形态和口感也不一样，有甜有咸，整体色感金黄灿灿，有条状、片状、元宝状等，形态各有千秋，"金光灿灿"的色彩也象征着人们对富贵、求财的心理，"茶礼盒"也表达了见"盒"如见"礼"的美好祝愿与吉祥祝福，体现传统文化中一种含蓄的传情，一种祝愿的方式。真可谓，板梁古村落艺术蕴藏于人们的生活之中，又在生活中感受到艺术的审美价值。

二、地域文化中的艺术审美

板梁古村落艺术无不显示出其地域文化的特色，其代表就是那里的古建筑及其装饰。整个村落背靠岭南山脉最北端的象鼻山，借助仿生学原理来安家落户，村落布局呈现大象之形，"枕山、环水、面屏"，依势建筑，村落空间井然有序，错落有致，浑然一体，规模宏大。整个建筑群从其布局到装饰都蕴涵着深厚的艺术匠心和居住者的审美情趣。但是，它们并不是为艺术而艺术的作品，而是一种生活世界的创建，更是一种意义世界的艺术建构。

　　建筑物作为聚落首要条件，它常常标志着一个聚落群体的精神面貌，体现出其文化传承与审美情趣。作为生活世界的一部分，它体现在居住功能上，使得居住者安然自得地居住于大地上，作为意义世界的一部分，它体现在建筑外观上，使用各种材料、图案、装饰将其包裹起来，形成一种审美形式，从而表明居住者赏心悦目地居住在这里。板梁古村落作为一座起源于宋元时期的家族聚落，盛于明清时期，留下了大量的明清建筑风格与家居装饰。从造型图案上看，它深受儒家思想影响，展示天地万物同源、互通互感。从家居装饰上看，它强调"耕读为业，诗礼传家""读书明理修道德"的艺术表征。正如国内学者研究表明，板梁古村落的装饰艺术蕴含丰富的美学资源，体现人与自然、宗族伦理与艺术审美，展现出朴素美感情趣和实用价值，形成其独特的地域艺术性文化。[①]

　　板梁古村落数百年来都坚守传承以文兴村、以德育人。为此，修建了各种体现其宗法权力的祠堂或公堂，用来给古村落办理公共事务，维持村落伦常秩序，维系村民和睦关系。宗祠供奉着刘氏一脉三系的祖先，村落布局皆与祠堂相应，三个宗祠照应着板梁古村落的风水，如下村发人，人丁兴旺；中村聚财，财气旺；上村出官

---

① 参阅杨蓓：《湘南民居木雕装饰艺术——以郴州板梁古村为例》，载《创作与评论》2013年第22期；赵玲、陈飞虎：《湘南传统民居装饰的儒学教化——以郴州板梁古村为例》，载《装饰》2017年第1期；李柏军：《郴州板梁古村民居的建筑装饰艺术特征》，载《艺海》2017年第5期。

员,官位显赫。从建筑上看,上宗祠建筑为翅角飞檐和三字垛马头墙相配,中开一道腰门,神龛西侧开一道后门,连接村中麻石长街,大天井明暗组合三进递进。大门厅前有藻顶彩绘,其内容是"八仙"图。正堂由四根顶天立地的圆形大柱支撑,斗拱为祥云式三朵连升,逐级增大直托横梁,雄伟典雅。大门厅前的横梁上"圣旨"牌匾,更显皇恩浩荡。中宗祠建筑是翅角飞檐和三字垛马头墙相配,中开一道腰门,构成三进一天井、一进一递升的格局,虽然大门前厅没有藻顶,但整个宗祠风貌机巧谦和,对族人们寄寓一种"守中尚智"的文化理念。下宗祠整个格局是五进两天井,中开两道要门,逐进递升的格局,古朴厚重又庄重大气,给族人寄寓一种豁达、稳重、勇武的思想与情操。这些建筑设计都充满着古村落文化的密码,将美、生活与希望融合一体,显现了艺术塑造人类生活的审美力量。

除了宗祠,板梁古村落的天井建造也非常讲究阵法。据村民介绍,天井不仅有通风采光的作用,还将天人合一、儒家教化、吉祥礼俗等思想集中于一体。譬如,松风私塾的天井是左右两幅内容相应的雕刻,左边是一幅"吴牛喘月"图,牛寓意农耕的艰辛;右边是一幅昂头跳跃的鲤鱼,寓意鲤鱼跳龙(农)门,以"鲤化龙",跳出农门之意。左右两幅图相对,寓意"诗书传家远,耕读济世长"的殷殷期望,也以此激励族人们刻苦学习,奋发图强。又如,刘绍连(有家财但不是当官的)家宅内的天井就不允许有雕刻。除了松风私塾的天井雕刻意境深远外,还有刘邵苏、刘昌悦厅宅中的天井雕刻也异常精美,韵味十足。刘绍苏宅为三进式,天井布局为"品"字型,前面一个天井,后面两个。前厅天井中的石雕同样是板梁古人崇文思想的体现,左边为"鲤鱼跳龙门",右边为"腾云升应龙";后面的两个天井,左边雕刻的是"龙门",右边雕刻的是三连头的鲤鱼,据说这种独特形状的鲤鱼寓意"连中三元"。天井水口的"铜钱"造型,除了可防止杂物堵塞外,其意体现"聚财、守财",这样,挣钱与想钱这种世俗欲望却在这种民间艺术中得到了审美的升华。

另外,板梁古村落的堆塑艺术也可谓登峰造极。建筑物上的马头墙和屋脊堆塑都展现了居住者的美好心愿,不但是实用的,而且是美观的。譬如这些艺术的创作者们取用了大量的动植物造型,镶嵌在建筑物上。据村民介绍,瓦体以垛为基准,两头斜向中心,寓意"财水归屋";垛尖上翘内弯,用精石灰粘瓦砌成,又如昂扬的马头,寓意主家发达上升。"太阳花"含有红日高照、欣欣向荣之寓意,含有阳刚之气,寄托子孙兴旺。

建筑中的彩绘图案也别具一格,以象征福禄吉祥来展开设计。譬如,在檐口上装饰水墨画、书法、堆塑,附上花卉、瑞兽、孝道图、忠烈名士等图案。浓厚的耕读文化加上优美的田园风光,再配上这些民间艺术作品,透露出整个古村落深厚的文化气息。

石刻艺术在板梁古村落中也较为常见。譬如接龙桥处的路碑座上刻有"双狮戏珠"纹样,表达对皇权的尊重,对尊卑礼仪的传承,表面上刻上菱形框及牡丹,如意结纹样也象征着它带来的吉祥如意;在内墙角处的石敢当,称为"泰山石敢当",用上红砂岩,寓意驱鬼辟邪和镇宅之功能,成为古村落的守护神。"祖厅"大门墩上刻有大象,寓意吉祥。在稍微方正的居家大门前也都有石墩,形态方正、敦实,寓意族人要正直、稳重、温厚,其材质和雕刻图案乃预示家族兴旺,如象、云龙、飞马、彩凤等。再看柱基石刻上圆下方,常采用莲花瓣的变形作图案,寓意"圆融、方正、廉洁",警示族人要像莲花一般出淤泥而不染,清廉清白,同时方圆相济,有情有理。转角石石刻祥云纹、五福梅花、菊花、莲花、古书宝剑、三戟、锦雉寿山等图案,体现出"刚毅、勇敢、正直、稳重"等品格精神。洗脸蹾石雕工艺精湛,图案赏心悦目,分上中下三部分,构造看似简单,却寓意深邃。上部成圆状,下部是四方体,上表天下表地,寓意天圆地方,中间六面柱体表示"六合",古人以天(上)、地(下)、东、南、西、北,构成"六合"的空间观,人生存在六合间。洗脸蹾放置的位置一般是在天井边或在街巷边,出于实用方便,同时也暗示人们洗脸更要"洗心",爱护自己的颜面更要有一颗清净之心,生存于六合之中。

除了堆塑、彩绘和石刻艺术,板梁古村落的木雕更是技艺精湛,堪称露天木雕博物馆。其木雕图案设计(五福图、文、武、财、商、义等),用比喻、谐音、象形等手法,彰显出传统文化的博大精深,巧夺天工,其鲜活的形象让人赏心悦目,由衷地赞叹。尤其窗雕最为丰富,最常见的有龙纹样,寓意皇帝;有凤纹样,寓意皇后;有麒麟纹样,寓意皇子;有象纹样,寓意丞相;有狮子纹样,寓意大师;有鹿纹样,寓意享用俸禄者;有瑞兽纹样,表示吉祥;有蝙蝠纹样,象征着福气;有鲤鱼纹样,表示举人;有鹤纹样,象征着长寿;有佛像,即福之寓意;有鹊纹样,象征着喜庆;有牡丹花纹样,象征着荣华富贵;有莲纹样,寓意清廉;有葵纹样,则表示多子多孙;还有用桃花、荷花、菊花、梅花图案来表示春夏秋冬四季;用兰杉纹样,表示书生;有草鞋纹样,谐音学生;有花开造型,寓意花开见喜;有五蝠纹样,表示寿、富、康、修好德、老终命,也用五只蝙蝠来代表若上运气,为福运;八仙则是八仙祝寿,吉祥喜庆之意;祈求吉庆还会用旗、球、戟、磬等谐音物来表示。

厅堂隔门木雕也值得品读,其题材主要有瑞兽、花草、人物等。譬如,刘绍连厅的木雕把十二生肖与吉祥的民俗文化内涵结合,无比生动。其中,一幅"狗叼羊"的形象,表示狗守家,嘴里叼着"羊"又通"洋"(清朝的钱也叫大洋),表示守财聚财之意;又如"羊"的生肖,雕刻为三羊合体形态,寓意三羊开泰。还有人物故事的木雕,如桃园三结义。整个隔门上面通透,不但透雕精美也使屋内空气流通,更是一种迎客的礼节体现。还有雀替雕刻,除了有支撑的实用功能之外,还具有审美功能,反映了居住者对美好生活的向往。如珍亮政公厅前廊的雀替雕刻着灵动而威武的龙头,深显其皇家后裔的气息。又如刘绍连家宅的过廊雀替,其造型为一只头朝外的卧姿梅花鹿,而鹿的周围雕刻着鱼鳞般的植物,鹿卧其中,体态丰满、神态安然,据说蕴含着"安享禄位"之意。

板梁古村落中,如此等等的雕刻艺术和建筑装饰艺术不胜枚举,它们都反映了居住者们的审美要求,也体现了村落艺人的艺术表现手法,将其生活体验与艺术形式充分地结合起来,使得其艺术创造蕴含了各种社会要素,但又不落入庸俗境地。即使在追求钱财与世俗权贵的事上,也都以比赋的艺术手法、以自然的豁达态度寄情于生活世界的每一个组成部分,由此证明,艺术总是源于生活,建立起审美价值的真实性。

三、民俗文化中的艺术审美

板梁古村落民俗文化中的艺术主要以舞狮、倒灯及地方诗词为代表。舞狮和倒灯是集武术、舞蹈、音乐、杂技于一体的民俗表演艺术。地方诗词则赞美板梁古村落及其文雅生活,积极向上的人生情怀。舞狮是我国广为流传的民俗艺术,而在此地别有一番风味。倒灯则是板梁古村落元宵节特色的传统年俗,历史悠久,是人们驱邪敬神、拜年贺岁的一种艺术形式,其壮观场面被誉为"江南奇观"。从其内容上看是迷信的、蒙昧的,但从其表现形式上看却是艺术化的、审美的,都是经过当地艺人精心设计,并赋予其神圣的仪式感。

1. 舞狮

中国自有文明以来就有祭祀等活动,舞狮、舞龙活动也随之应运而生。舞狮活动是一种以自发性、娱乐性、随意性为特点的民间传统文体活动,其形式、种类繁多,风格各异、派别繁多,是一种既适合表演又能娱乐、竞技和健身的多种功能的地域民俗民间文化艺术。①

板梁古村落的舞狮活动从服装、器材、音乐及技巧表演上看都具有鲜明的地域特色。从制作舞狮的道具到表演过程,都是"集武术、舞蹈、编织、刺绣、绘画和音乐等多种艺术于一身,通过两人密切合作,模仿狮子的各种形态动作来'表形体意',最能体现我国民俗民风的传统体育项目之一"②。因板梁古村落属于金陵乡,其狮子同属金陵乡的黄狮,又叫神狮,是狮中之尊。据村民介绍:黄狮的头需用樟木雕刻,造型威猛、蕴藏神机;狮身子需用厚实的土黄色棉布或麻布缝制。做好黄狮后,由两位经验丰富的表演者,一人舞头一人掌尾,英勇雄健的神狮就活灵活现了。在神狮表演前,需先到祖厅祭拜祖先,然后再挨家挨户发拜帖。在表演过程中由文、武两部分组成,首先是表演神狮变故事,据说共有二十四套,题材丰富,有神话传说、生活劳作、人伦爱情、模仿动物等形象生动、内容诙谐幽默的典型剧情。时至今日,这一习俗已成为人们庆贺丰收、展示财富、显示团结、昭示文明的一种民间艺术形式。虽

----

① 薛浩:《地域文化视野下舞龙舞狮文化研究》,载《湖北体育科技》2014年第11期,第996—997页。由于狮子的外形雄壮,威武有力,有"百兽之王"的美誉,因此,人们往往会认为它是一种威严与权力的象征。据传说,狮子是文殊菩萨的坐骑,随着佛教传入中国,舞狮子的活动也输入中国。不过,唐代狮舞已成为盛行于宫廷、军旅、民间的一项活动。在一千多年的发展过程中,狮舞形成了南北两种表演风格。北派狮舞以表演"武狮"为主,即魏武帝钦定的北魏"瑞狮"。小狮一人舞,大狮由双人舞,一人站立舞狮头,一人弯腰舞狮身和狮尾。狮子在"狮子员"的引导下,表演腾翻、扑跌、跳跃、登高、朝拜等技巧,并有走梅花桩、窜桌子、踩滚球等高难度动作。南派狮舞以表演"文狮"为主,表演时讲究表情,有搔痒、抖毛、舔毛等神形动作,惟妙惟肖,逗人喜爱,也有难度较大的高桩采青等技巧。南狮以广东为中心,并风行于东南亚侨乡。
② 谢小龙、刘向辉、李传武等:《中国高校龙狮运动的发展特点及未来走向》,载《湖南科技学院学报》2005年第11期,第248—250页。

然它更多显示出来的是热闹的生活场景,但其本质却是雅俗共赏,将艺术融进人们的生活世界,建构起人们和谐生活的家族理念,将尊祖祈福以艺术表演的形式强化于人们的心中。民间艺术的道德性就显而易见了。

2. 倒灯

板梁古村落的元宵倒灯是一种表演艺术。所谓倒灯是指所有的灯笼都要尊草龙为大,不得在个头上、行程上、技艺上超过它。在表演中,其他材料所制作的龙都要退后,低于草龙;与草龙迎面相会时,都必须给草龙让路,请草龙先行,并行大礼,而狮子必须走在草龙后面。"倒灯"活动主要分为焚香起龙、驱鬼扫宅、送龙入海三个环节。

"焚香起龙"是整个"倒灯"活动的序幕。元宵那天村民早早准备好香烛等祭祀物品,到晚上8时开始燃放鞭炮迎接龙神。同时龙灯队伍把持龙灯虔诚祷告,恩请神龙赐福,再进祠堂请村里德高望重的长老焚香烛、鸣炮祭祖敬神,拿龙头的第一炷香插在神龛的香炉里,长老将头香插入龙头、龙身,等在旁边的村民一哄而上,抢夺头香,寓意"抢红"。

起龙后,龙灯开始从村尾往村头挨家挨户"扫宅"。"扫宅"也称"扫邪",意为借龙神之力扫除邪秽,求得平安。村民们家家户户张灯结彩,点烛焚香鸣炮,在家门口等待龙灯的到来。龙灯扫宅时,插满香火的草龙在前面,布龙居中,黄狮掌后。接龙时,各家各户除了点荷灯,还会在屋门上的香筒、屋前的墙角和巷道边插上香火,并烧上纸钱,以及放鞭炮烟花。待草龙来时,户主抢下龙头上的头香,插在自家的神龛上,再将自家香烛插到龙头上去,据说这样就能留住幸福吉祥。在此起彼伏的鞭炮声中,龙灯队伍会走遍各个村民的住处,将新年的美好祝愿送到千家万户。扫宅是倒灯的主要任务,必须一家不漏,若有哪家被漏没有扫到,那就会被认为不吉利,不仅会影响到这一家,还会影响到整个村子。因此在这个扫宅过程中,都会设计好路线,并有专人带路,且必须顺着走,不能走回头路。扫宅如此严格和慎重,不仅因为自古相传龙灯具有驱邪纳吉的精神功能,还可以把各家的邪秽之气全部扫走,使整个村子都吉祥安康。直至子夜来临,扫宅完毕,龙灯队伍汇聚到村头广场为村民展演。

展演完毕,龙灯重新插上香火,准备"送龙入海",即到溪边把带满"邪气"的草龙烧掉送入大海。龙灯队伍慢慢离开村庄,汇聚到村头的河边。全村村民和慕名而来的游客紧随其后,站满村中所有道路、楼阁、天台,大街小巷,灯火辉煌,烟花怒放,百路香烛,千里"河灯"、万"炮"齐发、烟"霞"满天,一幅"龙在人中舞,人海浮祥龙"的壮丽景象立显眼前。在大家整齐的"321"吆喝声中,"龙灯"被丢进了河里,寓意邪气、灾难随河水冲走,人们欢呼雀跃,整个"倒灯"活动结束。

看起来,舞狮和倒灯并不太具有艺术的气质,倒像一种民俗活动,但实际上它是一种非常贴近大众、生活化的艺术表现形式。第一,它需要专门的受过训练的手艺人来编织、剪裁和设计造型;第二,它需要专门受过训练的耍龙师傅执掌龙头,并具备一些舞步程式,来表达喜气洋洋的场景,将美好的祝愿化作空中的符号传递给大众,从而使观众感受到生活日子的幸福感与人生未来的美好性,激发人们对明年的愿望。这种表现形式在艺术经验论中得到了极大的辩护。正如杜威所认为的那样,真正的艺术并不只是存在于我们典型地视为艺术的人工制品之中,而是存在于创造和感知它们的动态和发展的经验行为之中。

3. 地方诗词

板梁古村落存留的诗词是当地的文化名人与学优为仕的人用来抒发自己对家乡的赞美之情所作。譬如,明代的板梁人刘润,是

当时朝廷的赐郎官,为家乡写了一首七律诗《象岭云松》:

> 岜峣象岭俯高岗,势接南衡气脉长。
> 云影迷空浮翠色,松阴点地散清光。
> 月明偃蹇苍龙卧,雨霁悠扬白鹤翔。
> 路人广寒应不远,桂花开遍满山香。

　　显然,这首诗表达了诗人赞美板梁村的风水景观,气势开阔,青翠欲滴,清光散漫,预示其做官为人清廉正义。"苍龙卧"与"白鹤翔"就寓意其人杰地灵、飞黄腾达之势,但又有广济百姓之心。诗以写景中言志、以赞美中抒情。这使得板梁村平添文采,才艺俱佳,颇具地方特色。这种以村落为背景的诗歌数以百计,成为板梁古村落的文化底蕴、艺术瑰宝。

　　总之,板梁古村落艺术的形式和内容丰富多姿,从日常生活器具到建筑物及其装饰,再到民俗表演、诗词歌赋,由俗到雅、由动到静,都渗透着民间艺术的气息,将人与自然之关系的和谐、人居关系的礼仪表现出来。因此,在现今看来,古村落艺术遗产并不是一种静态的物品结集,而是深嵌于村落的生活世界之中。对其观赏与珍惜,就需要人们的身临其境,借助于参与式审美与身体式审美,才可以从中领悟到古村落存在的意义,并不在于其有多少的经济价值,而更重要的在于它向人类社会提供了一种人与自然相和谐的人文景观,让人能诗意地居住此地的艺术化生活,这就是令人心向往之的审美价值。

第二节　板梁古村落艺术保护理论建构

　　板梁古村落艺术所承载的文化精神以及生命力,一是来自对自然与人的深入理解，二是从艺术经验中获取村落生活的维系力量，建构其真正的乡愁。因此，我们可以借助于艺术经验论及其相关审美理论，为板梁古村落保护建构出一条以审美价值为导向的艺术保护理论。在这个理论中主要体现出村落的审美价值，让其成为古村落保护的正当辩护理由，从而避免过度的经济开发，不要把古村落保护看成一棵摇钱树。

如果认识到古村落保护并不是为了让它改善或促进其经济发展，把它变为富裕村落为目的，如果认识到古村落保护是为了让它保存民族或地区的历史文化精神及其人与自然谐居的诗意生活，那么，古村落保护理论就要围绕这种历史文化精神为中心，而阐明其保护的真正意义。为此，通过上述有关古村落艺术及其审美价值的阐述，在此就需要重新挖掘古村落保护的理论资源，其中就以古村落艺术所存在的审美价值为导向，开启板梁古村落保护理论与实践的道路。

当然，最早关注村落文化及其文明演变研究的是19世纪的人类学家，他们从关注原始部落的日常生活现象到文化现象，再到人类行为的普遍性与文化的整体性，从而看到不同村落文化的构成性具有相当大的差异性。同时，发现艺术审美始终是村落文化中的构成要素，甚至高于语言文字的作用。正如林顿在其经典著作《人的研究》中写道："从实际来看，一切文化都是对现实加以美化而构成的。"[1]被称为"人类学之父"的爱德华·泰勒在《原始文化》中也挖掘了大量的艺术资料来阐明原始文化的现象，提出文化是进步的观点。

当艺术人类学产生之后，人们关于艺术的认识就从造型艺术

---

[1] 转自［英］罗伯特·莱顿：《艺术人类学》，李东晔、王红译，王建民校，广西师范大学出版社2009年版，第20页。

扩展到舞蹈、建筑、景观、民俗等领域。这样,艺术就"存在两条通往艺术定义的途径,虽然好像哪一种也不具有相当的适用性,但它们适用于不同的文化类型,一种运用了美学术语,另一种则将艺术看作一种沟通和交流,根据对形象的特殊和恰当使用而相互区别"①。这就打破了艺术只关涉审美性的界限,而将审美性扩展到沟通交流等象征性的领域。艺术就与各民族各地区的现实生活紧密关联起来。

"关于此一自然民族艺术(原始艺术)的研究,除了人类学者和艺术家之外,前此即早期就有英国著名人类学家哈登以进化论的立场来推论艺术之进化……可是,人类学者之中以有系统的方法来研究美术,当首推 Boas 氏以及结构主义的 Levi-Strauss 氏"②。Boas(博厄斯)更正了以往人们对原始艺术的误解——认为原始艺术是一种未成熟而又低陋的艺术。而他指出,"原始民族和所谓文明人一样具备完备的审美能力""他们有能力欣赏和高超的技术制造出的、有艺术价值的产品,这一点并不限于具有高度文明的种族,一切原始氏族的产品均不存在现代文明和机械产品的那种矫揉造作。我在许多土著居民家里看到他们的日常生活用品的做工都相当精细。我询问过许多土著人,听取他们对自己产品的评价。得到的结果表明,他们是具备欣赏完美技术的能力的"③。这样,艺术审美理论不再局限于西方文化艺术的优越论了,而开始唤醒了民族艺术的生命力,以及对民间艺术的理解。正如哈塞尔·伯格所认为,"只有当行为产生的结果是为了打动

---

① [英]罗伯特·莱顿:《艺术人类学》,李东晔、王红译,王建民校,广西师范大学出版社2009年版,第5页。

② 刘其伟:《艺术人类学——原始思维与创作》,雄狮图书股份有限公司2005年版,第14页。

③ [美]弗朗茨·博厄斯:《原始艺术》,金辉译,上海文艺出版社1989年版,第12页。

某个人而不是像玩那样以本身为目的时,艺术才会发生"①。雷蒙德·弗斯认为,"一件艺术作品综合了经验想象和情感因素""人们所观察到的艺术品是对一种文化的有形的表现,因此,是依据该文化的视觉表征习惯建构和表达的一种精神"②。霍顿则认为:"视觉艺术将被视为一种文化活动的力量,而不是一个被精心划定的研究领域。"③可见,20世纪以后,艺术不再单纯地基于西方世界的审美标准,也不再以理性主义美学理论为根据,出现了生活美学、身体美学、现象学美学、生存主义美学等,使得艺术的核心走向社会生活对照物的创造力如何在实际中成为实践人类文化与社会理想。

英国学者特纳认为,"宗教和艺术一样,在这方面没有哪个民族是头脑相对简单的。只不过有的民族实用的技术手段比我们更为简单一些而已。人类的想象和情感生活无论在何时何地都是会十分丰富的"④。但在本质上并没有什么特别的区别,反而,从艺术在社会中的作用来看,民族艺术、民间艺术或地方性艺术更具有直接性,更显出艺术的本色。这样,美国学者拉塞尔认为,"它意味着推翻高雅艺术和高等文化的专制"⑤。艺术开始对人自身进行关注,对现实生活进行关注,从而恢复了艺术与日常生活的联系。英国文化人类学家马林诺夫斯基认为,对艺术的需求是人类有机

---

① ［英］罗伯特·莱顿:《艺术人类学》,李东晔、王红译、王建民校,广西师范大学出版社2009年版,第14—15页。
② ［英］罗伯特·莱顿:《艺术人类学》,李东晔、王红译、王建民校,广西师范大学出版社2009年版,第14—15页。
③ ［英］罗伯特·莱顿:《艺术人类学》,李东晔、王红译、王建民校,广西师范大学出版社2009年版,第14—15页。
④ ［英］维克多·特纳:《仪式过程——结构与反结构》,黄剑波等译,中国人民大学出版社2006年版,第3页。
⑤ ［美］约翰·拉塞尔:《现代艺术的意义》,陈世怀等译,江苏美术出版社1996年版,第131页。

体的生理需求，"人的美感是与生俱来的，在文化中具有一定功能性"①。

　　针对同样的主题现象，我国学者也不断地从民族学、民俗学和社会学等方面给予反映。20世纪初，一批留学人员，如蔡元培、吴文藻、周作人等人，回国后开展本土文化的田野调查研究。蔡元培先生在《美学的起源》中主张用人类学方法进行美术考古研究。他提出："考求人类最早的美术，从两方面着手：一是古代未开化民族所造的，是古生物学的材料；二是现代未开化民族所造的，是人类学的材料。"②我国著名人类学家、民族学家凌纯声先生对东北松花江下游的赫哲族歌舞、音乐等艺术进行田野调查，出版了《松花江下游的赫哲族》(上下卷)，为赫哲族的民族艺术及文化提供了重要的原生态资料，"此举被认为是中国第一次正式的科学民族田野调查"③。1934年，人类学者刘咸深入海南黎族聚居区进行田野调查研究，他从体质人类学和文化人类学两个视角进行考察，运用科学的测量同时结合文献研究、田野考察、参与观察等方法，对黎族的社会民俗、艺术及精神文化方面做了详尽的考察，著有《海南岛黎人文身之研究》等著作，被誉为"应用科学方法研究黎人艺术的开山作"④。1937年，岑家梧从文化人类学的视角对西方学者关于原始图腾艺术的研究进行了梳理，并结合中国民间习俗的民族志资料，阐释了图腾与艺术的相关问题，出版了著作《图腾艺术史》，被学术界认为是"中国艺术人类学

---

① 周星：《中国艺术人类学基础读本》，学苑出版社2011年版，第30页。
② 王永健：《新时期以来中国艺术人类学的知识谱系研究》，中国文联出版社2017年版，第5页。
③ 王永健：《新时期以来中国艺术人类学的知识谱系研究》，中国文联出版社2017年版，第6页。
④ 岑家梧：《岑家梧民族研究文集》，民族出版社1992年版，第29页。

研究的肇始之作"。1938年，在抗日战争时期，在吕骥的倡导下，"民歌研究会"在延安成立，会员们深入绥德、米脂等陕北文化的核心区域进行田野调查，他们采集民歌，从文化人类学的视角整理与研究陕北民歌及其文化精神，留下了珍贵的研究成果，取得了前所未有的成就，被视为是艺术人类学田野工作的一种重要实践。

20世纪50年代，我国开始推动艺术田野考察，明确要求"各类艺术学院均必须注意与实际联系，注意研究自己民族的艺术遗产"[①]。国家文化部及相关部门组织专家在全国各地开展民间艺术的普查与搜集活动，抢救并研究民间文艺遗产，70年代开始，国家开展编纂《中国民间歌曲集成》《中国民间故事集成》《中国歌谣集成》等十大文艺集成工作。整个工程历时三十年，数十万名文化艺术工作者走向民间参与田野调查行动，为民间文化保护和研究作出重要的贡献。王永健认为，"真正自觉地运用人类学的研究方法或直接冠以艺术人类学的名义从事艺术研究，是20世纪90年代中期以后的事情"[②]。学者们开始探讨艺术起源以及美的本质问题，主要以原始文献资料及考古资料为主，进行文本研究，出产一批著作。如朱狄的《艺术的起源》，对大量的国内外专业文献中进行各种观点的梳理、概况和阐释，对人类艺术起源的相关问题进行了从文献研究到理论思考的探讨[③]；邓福星的《艺术前的艺术》，从史前文化遗存文献中进行分析和论证，探索史前艺术的起源与发展特征，探索史前人类的审美经验，提出"艺术起源与人类起源同步"的观点。最早以艺术人类学冠名的著作是易中天先生所著的

---

① 周扬：《1950年全国文化艺术工作报告与1951年计划要点》，载《人民日报》1951年5月8日。

② 王永健：《新时期以来中国艺术人类学的知识谱系研究》，中国文联出版社2017年版，第8页。

③ 参阅朱狄：《艺术的起源》，中国社会科学出版社1982年版，第18页。

《艺术人类学》，从人类学家发现和整理的考古文献、民族志资料及相关种族资料，开展基于美学和艺术哲学的研究，探讨人类艺术经验与艺术起源及其本质问题。张晓凌先生的《中国原始艺术精神》，运用民族学和人类学研究方法，从符号的象征和功能的角度进行原始艺术造型及审美经验的分析。他深入长江、黄河和云贵等少数民族地区，实地考察，取得一定的成果，成为中国艺术人类学的代表性著作之一。

同时，在美学领域也出现了艺术哲学研究。如王一川的《审美体验论》，以艺术本体论为主题，综合运用人类学等相关方法，整体性地研究艺术审美体验。郑元者也发表了一系列论文，如《美学与艺术人类学学论集》《艺术人类学与知识重构》《中国艺术人类学：历史、理念、事实和方法》，论述了艺术人类学的内涵与核心理念、理论建设以及研究方法等问题，主张从人类学的视角来解决艺术起源及美的本质等问题。又如，王杰的《审美幻象与审美人类学》《关于审美人类学的研究》等著作；覃德清的《审美人类学的理论与实践》《审美人类学：价值取向与方法抉择》等著作；汤龙发的《审美人类学》等著作。这些著作融合人类学的视角与研究方法，立足于民族审美文化，走向田野，注重美学理论研究以及实证研究，开创了审美人类学的新路径。

根据王永健在《新时期以来中国艺术人类学的知识谱系研究》中的统计来看，在各种艺术中运用人类学方法，无论是理论研究还是应用研究，是从学术组织机构还是研究队伍建设，还是研究成果上来看，走在前沿的当属音乐人类学。[①]美术领域也有这方面的研究，如中央美术学院的杨先让先生深入黄河流域考察民间美术，著有《黄河十四走》，为我国传统民间艺术留下了珍贵的历

---

① 王永健：《新时期以来中国艺术人类学的知识谱系研究》，中国文联出版社2017年版，第17页。

史资料。郭庆丰对黄河流域的民间剪纸艺术进行了深入考察，采访多位民间艺人，著有《浮图记：黄河流域民间艺术考察手记》，记录了触及灵魂的民间艺术风采。还有皮影专家魏力群先生，著有《皮影之旅》《中国皮影艺术史》等。方李莉从人类学、社会学、民俗学等学科理论与方法上对景德镇的民窑进行田野考察，著有《景德镇民窑》《传统与变迁——景德镇新兴民窑业田野考察》等著作。

随着全球化和信息革命的发展，人类共同问题日益凸显。比如，艺术与非物质文化遗产保护、艺术与文化传承、艺术与文化场所精神的构建、艺术与政治权利的张力关系、艺术与公共建设、艺术与文化景观生态、艺术与旅游经济等问题，都成为全世界各国所关注的普遍问题。正如王永健说道，"唯有运用人类学的民族志的描述，以及艺术人类学的研究视角，才能得以深入的探讨和较完整的认识"[1]。中国台湾艺术人类学者刘其伟认为，民族志是"唯一能够透视种种文化经验的学问。尤其对艺术本质，更能做出全新的探索"[2]。因此，艺术学与文化人类学或民族志学（包括地理、人种、社会、风俗、信仰和伦理道德等要素）相融合，能够更为直接和深入的探索艺术的本质。

因此，艺术人类学研究、民俗学研究、民族志研究等文献就使人们得以认识民间艺术对人类社会生活的重要作用。至少有以下三点值得思考：第一，艺术是与人类社会起源相伴而生的文化基因，记载着人类活动和生活经验；第二，艺术审美从一开始就与人类生活构建在一起，不但成为人们生活的美化工具，而且成为人们生活的精神享受；第三，从一开始，艺术审美并不是独立于人们生

---

[1] 王永健：《新时期以来中国艺术人类学的知识谱系研究》，中国文联出版社2017年版，第23页。

[2] 刘其伟：《艺术人类学——原始思维与创作》，雄狮图书股份有限公司2005年版，第15页。

活经验的,而是人类社会构建意义世界的基础。

无疑,这些讨论艺术的人类学、社会学、民俗学等著作都说明了民间艺术的重要性,也理顺了民间艺术审美价值的作用,但在保护这些艺术遗产上人们大多是以对象收集式或资料记载式进行储藏,常以断裂式记忆理论为其依据,因此,这些艺术遗产最终以或失传或消失或储藏为结局。但是,随着中国20世纪80年代古村落保护运动的兴起,人们对于民间艺术或古村落艺术的认识得到了加深。正如冯骥才所认识到的,古村落是兼有物质与非物质文化遗产的另一类文化遗产,是文化与审美的结合体,需要整体性保护,需要活态保护。[①] 这时,古村落的历史保护问题就提上议程,那到底如何实施这种历史保护? 究竟以对象收集式的还是资料记载式的,还是别的方式呢?

就古村落保护问题而言,我国主要由这三点构成:一是以发展促保护,以创新谋发展;二是多元素立体保护发展,多主体参与协同共进;三是激发保护内生动力,创建对文化的体验,认为这是现有的"中国方案"。[②] 但从实质上看,不管是实施生态博物馆,还是旅游开发,还是文化艺术介入,都基本上是围绕着经济增值这个核心,这就给予其地理位置上有优势的古村落得到一定的保护,但基本上也是以市场化机制抹平了古村落原有的生态风貌。因此,当2020年阮仪三还在语重心长地探讨古村落保护的"空心化"问题时[③],我们又如何能破解此难题呢? 如果按照经济

① 冯骥才:《传统村落的困境与出路——兼谈传统村落是另一类文化遗产》,载《传统村落》2013年第1期。

② 史英静:《从"出走"到"回归"——中国传统村落发展历程》,载《城乡建设》2019年第22期。另参阅安德明:《非物质文化遗产保护的中国实践与经验》,载《民间文化论坛》2017年第4期。在文中称"中国经验"——民族文化主权意识的持续传承和不断增强。

③ 阮仪三:《传统村落,未来在哪里》,载《第一财经日报》2020年2月4日,A12版。

增值原理,古村落保护应该越来越受人重视,因为经济收入应该提高村落居民的保护意识。但实质上古村落原居民不断离开此村,纯粹把此村看作旅游景点或作为当地人的工作单位。

因此,有学者尖锐地提出我国古村落保护的三种检讨:一是"旨在保护民居、文物性建筑的思路检讨";二是"旨在旅游开发的思路检讨";三是"旨在村庄整治的思路检讨"。[①]这些检讨基本上都推翻了现有古村落保护的理论前提,简单地说,第一种检讨是针对那种对象收集式或资料记载式的保护理念,以为搜集遗产物品就是历史保护的全部意义;第二种检讨是针对那种经济增值式的保护理念,以为使古村落有经济来源就可以更好地保护好古村落的文化遗产,由此来理解保护的存在意义;第三种检讨是针对政府管理式的保护理念,以行政手段干涉古村落保护工作,从而产生相当大的文化排斥,以为保护就是强制性的管理,以国家财产的名义予以整饬村落文化秩序。然而,尽管这些尖锐的问题被提出来,但更多的是以民权意识来理清保护工作,譬如保护对象是谁的东西?居住者有权认同,保护要基于基础设施建设,经济增值要适度等。

其实,该要检讨的思路背后乃是保护理念与理论框架的检讨。如古村落保护的目的是什么,究竟是历史的普遍性还是历史的偶然性,古村落保护要保护什么等基本问题的追本溯源,寻找其内在规定性的意义才是古村落保护理论框架的雏形,也是古村落保护实践困境的出路所在。

鉴于现有这些问题和实践困境,我们应需要重新建构古村落艺术保护理论。

---

① 徐春成、万志琴:《传统村落保护基本思路论辩》,载《华中农业大学学报(社会科学版)》2015年第6期。这种思考还见吕舟:《从第五批全国重点文物保护单位名单看中国文化遗产保护面临的新问题》,载《建筑史论文集》(第16辑),清华大学出版社2003年版。

首先，破解经济增值式的保护理念，将古村落的保护理念还原到其艺术审美价值的基础上。艺术审美根深于古村落的生活方式中，而任何一座古村落都是基于其人与自然和谐关系的感受和人文景观的审美，再加上其所蕴涵着深厚的历史文化特色，更重要的是它为人类社会提供了一种具有普遍性的生活方式。其中，艺术审美是其根本特色。这种判定是与人类学所揭示的人类生活经验相一致的，与民俗学所揭示的艺术现象是一致的，艺术审美是渗透于人类生活的每一个角落的。正如杜威所说，艺术萌芽于日常生活经验，审美性寓于每一种经验中①。因此，从艺术经验中介入古村落保护理论的建构，由此重建古村落的审美价值。

古村落离不开艺术遗产的存在，艺术遗产已然成为古村落保护的价值来源。我们从板梁古村落的审美价值的分析中可以证实，古村落中日常生活所操持的器具，与其说是一种劳动工具，还不如说是一种艺术品，但这种艺术品的审美并不仅止于造型、色彩等要素，更在于其身体性与参与性的活动所构成的生活意义。这也就是说，这些器具越在进行使用时就越显示出其优美的造型，更显示其生活世界的召唤力量。然而，当这些器具被收藏起来时，被静静地置于对象式的观看时，它们显示的只不过是一件曾使用过的物品，被人为地赋予其保护的地位，那种审美的灵韵顿然消失。当然，此时，这些器具就无法唤起我们审美的情趣，只是成为这种物品在这个古村落曾经存在过的证明。这样，我们究竟只需要保护这些器具，还是要保护这些器具在生活中活灵活现的场景呢？或许，因为这些器具历史悠久的性质，常常将其定义为一种值钱的物品，被经济增值原理所左右，产生一定的经济收入，但这种处置方式就使得它们失去了其生机的审美价值，而陷入视听式的审美

---

① ［美］约翰·杜威：《艺术即经验》，高建平译，商务印书馆2018年版，第22页。

判断中,缺乏了其身体式审美的场域。因此,古村落保护过程中出现空心化、出现失真现象也是由于过分重视经济价值的开发,而忽视了审美价值的欣赏。

其次,只能适度看到古村落建筑物的经济价值和一定的历史价值,必须还要看到古村落建筑物的审美价值,特别在生活世界中所反映出来的人居和谐的审美价值。我们通过板梁古村落的建筑物及其装饰艺术的分析,发现了古村落的建筑物并不仅止于是一种遮风避雨的地方,也不仅止于是一种生活场所,而更多是一种人生聚落的归宿。从建筑与家、建筑与艺术、建筑与大地、建筑与空间、建筑与精神、建筑与伦理、建筑与宗教等之间的关系,都是融为一体的。因此,当我们看到板梁古村落的建筑群,历经六百多年还依然丰姿卓越、雕花搂朵,庭院深深藏春宵,楼台步步问清秋。如果这些建筑物及其装饰艺术都成为人去楼空的保护物,那么这种保护又有什么意义呢? 难道就是仅仅因为这些建筑物本身的价值吗? 按照建筑物存在的本质乃是人与自然、人与大地如何得以安然自得地相处来说,建筑就不是一种物质材料,而是一种由居住者精心筹划出来的人生归宿,将是其精神空间的无限拓展,也是其社会生活的价值承载。因此,古村落建筑物存在的意义并不是某个伟人所赋予的朝拜,也不是某种人类活动过的遗址,而是一种人们生活的世界,一种人与自然交互活动的表达方式。

只有从这个角度上我们才能看清古村落保护并不是一种对象性的文物保护,也不是一种历史资料的记载保护,而是一种民族或地区的生活气质所揭示出来的闲情逸致的生活方式,将人类生活的多样性及其人性契合于自然环境的存在方式昭示给现代人,从而启迪人类社会存在的真正意义。由此可见,古村落保护纯粹地停留于物品或历史记载上,这就只能收取一些残垣断壁或一些重建或修葺的物质性对象,留给大家的只不过是讲解员的传说或失真性的模仿。

古村落保护的价值在于它在自然环境、空间逻辑、组织结构和社会形态上体现出中国古文化和农耕文明的遗产。为此，仇保兴提出从新型城镇化视角审视古村落保护，指出"农村永远是生态、生活、生产三个空间合一的，只有这种合一才是合理的，这种合一是传统'天人合一'文明的表达，是村庄结构的基本空间要素，应该弘扬"[①]。这些看法似乎都是好的，但似乎是没有逻辑演绎关系的。譬如说，把古村落定性为农耕文明遗产，如何在新型城镇化过程中得到保护呢？城镇化运动本质是工业化、现代化、资本化，而农耕文明本质是反工业化、反现代化、反资本化，二者又怎能在实践上得到调和呢？另外，把古村落保护转化为农村建设的一部分，那怎能从本质上区分出古村落保护的独特性呢？如此等等的矛盾说法，只能说明古村落保护仍然停留于理性的主观性表达中。其实，作为农耕文明遗产的古村落，这种定性本来是不差的，但这种定性只是一种外在的划定，而没有深入到古村落的内里。也就是说，古村落正如现代村落一样具有某种一致性的内在规定性，譬如，它们都是人们对美好生活进行追求的表达，都是安家乐业、营造生活世界及其意义的场所，都是居住者给予人生希望与归宿的地方，表明了人与大地、人与自然之间的谐居关系。从这个意义才能揭示出古村落并不古老，它依然具有现代性价值。反过来，古村落应该为现代村落的发展提供了先贤式的智慧和居住理念，更加有益地揭示了人与自然之间关系的和谐与惬意。因此，只有从生产工具上看，古村落才可以看成是农耕文明的遗产，然而，从居住生活方式上看，古村落却是人类社会生活的历史典范，不然

---

① 仇保兴：《中国古村落的价值、保护与发展对策》，载《住宅产业》2017年第12期，第4页。

它就不会存留于至今,还能保留其文化的传承与自然的生命力。

这种生命力与其说是古村落的经济实力,还不如说是其文化艺术的审美力量,凝聚着村落居民的坚强意志与坚守家园的韧性。然而,一旦村落居民认识不到这种审美力量时,它就会随之没落,遭受改朝换代式的破坏,要么是荒废下去,要么是改换村落风貌。我们就可以认为,古村落保护所面临的困境就是村落居民意识不到这种审美价值,而自愿随着现代化的经济浪潮而成为改换者。即使一个国家或民族愿意通过政治力量来保护这种文化艺术的审美力量,但因其以外在的方式理解保护的作用,从而把保护方式看成是资料记载式或对象收集式的。

最后,古村落保护不能只停留于一种外在性的保护方式,以经济增值为目的,也不能以政绩需要为目的,而要以审美增值为导向,看到古村落民俗文化艺术的当代性意义。正如德国学者奥托夫·库内认为,景观概念起初就具有一种对应于城镇的乡村意义,指出景观的形成跟居住条件、审美价值、社会建构、生态环境等观念是相关联的。马克·安特罗普也认为,景观是自然过程与人类活动、自然地区与社区之间交互活动的场景,其中充满了各种思想、观念、信仰和情感的表达[①]。因此,景观是村落存在的首要意义。景观在现今看来就包括了自然景观与人文景观,

---

① Olaf Kühne, "The Evolution of the Concept of Landscape in German Linguistic Areas". Marc Antrop, "Interacting Cultural, Psychological and Geographical Factors of Landscape Preference". In: D. Bruns et al. (eds.), *Landscape Culture － Culturing Landscapes*, Raum Fragen: Stadt － Region － Landschaft, Springer Fachmedien Wiesbaden 2015. pp44-50; pp54-64. 同种思想还可同时参阅, Antrop M., "A brief history of landscape research". In: Howard P, Thompson I, Waterton E (eds): *The Routledge Companion to Landscape Studies*. Routledge, London 2013, pp12-22. Claval PL., "The Languages Of Rural Landscapes". In: Palang H, Sooväli H, Antrop M, Setten S, *European rural landscapes: persistence and change in a globalising environment*. Kluwer Academic Publishers 2004, pp11-40.

前者是指大自然的赋予，后者是指人们生活艺术化的表述或活动。如，灯会、庙会、纪念性活动等。在板梁古村落，这种人文景观主要表现在周礼古宴、舞狮、倒灯等传统表演上，然而，这种景观的保护就完全取决于古村落原生态文化的构成程度，不然它们就可能成为经济增值的工具，从而使这些人文景观处于失真状态。为此，我们需要从人文景观的审美价值上重新定义古村落的民俗表演活动。

总之，古村落保护并不是只追求经济增值，相反从审美价值上推动古村落保护的理论更能切中历史保护的真正意义。

第三节　板梁古村落艺术保护的实践策略

从历史上看，古村落是一个共同体，或者基于家族血缘关系，或者基于利益地缘关系，或者基于政治权力关系。但是，随着我国政治体制的历史演变，村落共同体大多数都演变成一种基于政治权力关系的集体，成为我国行政体制结构中的最小基层单位，但又随着农村经济体制改革，原有的集体经济模式变为家庭责任承包制。这样，村落经济体就分成若干的具有相对实体性的个体经济，村落作为共同体就越来越依赖于经济利益关系而相互结构起来。因此，当古村落保护成为我国一项基本国策时，古村落保护实践从一开始让村落居民想到的就是经济利益问题。因为在他们日常生活中都是以经济利益为先决条件的，村落作为共同体也是以经济利益为导向的。因此把古村落保护看成是经济开发模式，也是历史的必然。但这种经济增值原理，如前文所述，并不与古村落保护意义相一致，正如国内学者所说的，古村落是不可再生的资源，是中华民族的文化根源之一。虽然文化与经济有着相互促进的作用，但它们各自的本质要求是不相同的，甚至是冲突的。简单地说，能够经济增值的东西并不一定是有文化意义的，而有文化意义的东西并不一定是有经济价值的。这种冲突在古村落保护实践中日益明显，那如何才能守住这种文化根源呢？

因此，我们必须从古村落本身所具有的性质上作分析，弄清楚这个作为共同体的村落究竟在哪里保持了其存在的普遍性价值。首先我们要看到，共同体并不一定是因经济利益才构成的。就板梁古村落而言，其最初形成共同体乃是基于家族血缘关系，并因这种家族文化源远流长而成为一座历史村落，至今还遗留着这种文化的共有意识，即使已掺杂了相当大的经济利益，但它还依其祖宗留下的古村落遗产赢得其村落居民的共识。这就说明古村落能成为共同体并不仅仅是由经济利益关系所建构起来的，相反它更多的是在于其文化传承和审美价值的建构，由此让它们产生身份认同、文化认同和情趣认同。

丁来先认为，"在当今这样一个物质、市场、科技与理性占主导地位的社会里，人类的文化及文化经验已经变得越来越滞重，越来越形式化。人类文化及文化经验深处存有的那种精神向往不得不受到某种压制，这也包括人类生命领域精神深处的美学冲动。各种精神性的渴求与向往不得不乔装打扮，与这种科技趋势、物质趋势合流"[①]。这种合流正在损害我们的文化根基，正在扰乱我们的价值判断，让人们缺乏价值情感方面的追求，以至于令人们的精神生活大面积萎缩。在这样合流下，我们的艺术经验与审美经验都被套上了貌似文明的枷锁，导致人们内心深处的缺陷。

同样，在古村落保护实践中，从审美价值角度追溯古村落作为共同体存在的意义，这不但能够唤醒现代经济浪潮下的美化生活的追求，而且能够打开一条通往艺术生活化的乡村建设的道路。丁来先认为，"审美之维对于当今时代整体的文化经验的和谐感具

---

① 丁来先：《文化经验的审美改造》，中国社会科学出版社2010年版，第3页。

有重大意义,尤其是当这种文化经验明显走向世俗,并明显地打下浓重功利烙印的时候。审美的价值和意义常常以一种浪漫的方式,或者说一种乌托邦的形式来抗衡文化经验的务实倾向,并以这种方式发挥独特的积极的作用"①。因为审美经验是一种内在的、生动的经验,它代表着人类精神世界的渴望与追求。

对于板梁古村落来说,整个布局、风水生态、古建筑俨然如一个活生生的艺术殿堂,一个露天的艺术博物馆。杜威的艺术经验理论告诉我们,认知方式不是纯视觉的,也不是静观的,而是一种将对象环境置于自身之中的互动,"正是身体赋予空间以能量"。身体与环境在物质方面的相互影响,意识与文化在心理上的联系,感觉意识的动态和谐就促使一个人离不开其环境背景,融合于其处境中。这就是审美的融合。因此,从这个意义上说,古村落保护并不在于其经济增值,而在于其审美体验,在于其揭示人与环境之间的美妙互动,并显示在日常生活之中。然而,当人们丧失了这种审美的认知能力,当人们专注于经济活动,当人们被对象式审美所灌输,这种身体式审美过程就无法获得其应有的发现,也就无法发现古村落存在的应有价值。

审美是科学之外的经验方式。在艺术领域内,它通过艺术对象所经验到的真理性认识,是用任何其他方式所不能达到的。特别在民间艺术或古村落艺术中,对于艺术表现的真和美不能用科学分析的手段所获得,对于古村落艺术的理解需要置身于历史语境和场所中才能领悟到其美的精神实质,因为民间艺术源自人们生活中的原始崇拜、民俗节令等活动,并在民俗活动中被传承,是百姓生活意义中不可或缺的组成部分,是民俗文化生活的有机载体。面对古村落艺术作品,我们体验到的不仅是一种艺术表象,还

---

① 丁来先:《文化经验的审美改造》,中国社会科学出版社2010年版,第4页。

有其独特的意义世界与生活信仰，关系到一个村落村民的文化认同与文化自觉。比如，我们可以用科学的认知方式来测量和分析马头墙的材料、制作工序，但是马头墙的瓦体以垛的中心点为基准，两头斜向中心，寓意"财水归屋"；垛尖上翘内弯，用精石灰粘瓦砌成，又如昂扬的马头，寓意主家发达上升的精神取向。对于这种造型和符号的寓意，如果不进入具体的生活场景，不了解其历史文化传统，是很难用科学的量化知识来阐释的。板梁古村落的精湛木雕艺术同样也是在其传统文化的影响下发展起来的。当我们进入古村屋宅，会集中在大门、厅门、堂屋和神龛看到巧夺天工的木雕艺术，因为这些空间是供奉祖先神位、会客、家族会议、家庭礼仪的地方，而雕刻纹样常以龙、凤、麒麟、鲤鱼、金牛等吉祥动物为纹饰，用以纳吉；也有石榴、鸽子等吉祥纹样，寓意多子多福，以及家族人的相亲相爱，团结和谐；在门头、法舆的雕刻多以吞口、八卦、将军等威猛的纹样为主，寓意邪气远离，用以镇宅。而对于这些木雕装饰纹样的位置、比例、方位等，都需要服从村落和房屋整体的风水布局，有的甚至需要根据屋宅主人的生辰八字等来特定选择和设置。除了要符合风水、辟邪纳吉等功能，在大户人家的私宅中，也有一些充满人文气息的纹样和故事，体现"忠孝廉义"的儒家伦理观。这些建筑装饰的木雕内容和形式不仅体现着村落的宗族文化和血缘亲情，还有着丰富的人文内涵。因此，在板梁古村落艺术作品中，不管是风水格局、建筑营造、建筑装饰、传说故事、民俗节庆等都体现着共同的文化信仰；也体现着血缘亲情维系着宗法家族共同的伦理意识，稳定社会秩序，达到共同体的荣辱与共的精神。"审美与实践之间的文化鸿沟被填平了，并提供了无与伦比的认识和实现人的价值的机会"①。

---

① ［美］阿诺德·贝林特：《艺术与介入》，李媛媛译，商务印书局2013年版，第132页。

正如罗伯特·莱顿在《艺术人类学》中认为,任何人都不能轻易地对一个民族或部落文化艺术进行一些理论预判或结论,而只有通过深入的参与观察,进入到该艺术存在的共同体社会中,包括参与当地的社会生活,学习当地的语言及习俗,并通过将自己融入其中,才能认识和理解当地的艺术审美,譬如他在考察原始部落文化时强调,"我们如果想读解原始土著民族的艺术,不是一件简单的事。我们必须熟悉该文化的视觉表现主题及表现惯例,了解这件艺术品发挥功能的方式、场合及人们对它的反应,我们才能知道它的能指与所指,并且发现不同的艺术风格的表现方式。反过来,一旦我们以这种方式沟通了我们与众不同文化传统中的人对艺术的看法,理解了他们关于艺术的观念,我们也就能更进一步地理解他们的全部生活制度、所有的象征符号和世界观"①。这就指出了理解任何一个地区或村落的文化并不是容易的,一方面需要对其文化场所进行认知,对其场所所显示的共同体精神进行理解,才能理解它们的艺术表现形式;另一方面也需要从人类学的研究视角说明村落艺术存在的多样性,也是当地人们认识世界的一种方式。方李莉在《艺术田野工作方法中的文化思考——以长角苗人的艺术考察为例》一文中,对艺术的田野方法进行了分析,她认为:"在研究中我们不仅要关注文化的变化,还要记录与其文化之间的关系,对艺术形式的记录也是非常重要的,并且要将整个群体的不同类型的艺术放在一起比较,找出它们之间共同的内在联系,以全面地认识其艺术之间及文化之间相互联结的网络关系,以描绘出一张完整的文化地图。"②这就说明民间艺术的复杂性,也有其统一

---

① [英]罗伯特·莱顿:《艺术人类学》,李东晔、王红译,王建民校,广西师范大学出版社2009年版,译者前言。
② 方李莉:《艺术田野工作方法中的文化思考——以长角苗人的艺术考察为例》,载《民族艺术》2008年第1期,第77页。

的精神,将其艺术表现形式赋予深刻的意义。与其说这种意义只是村落想要表达的主观精神,还不如说它是村落与其环境交互活动所昭示出来的生存方式,这是客观精神的具体表达。

正如杜威所说,"恢复审美经验与生活的正常过程间的连续性。对艺术及其在文明中的作用的理解既不能靠对它唱颂歌,也不能靠从一开始就专注于公认的伟大艺术品而得到加深。理论所要达到的理解只有通过迂回才能实现;回到对普通或平常的东西的经验,发现这些经验中所拥有的审美性质"①。这种判断非常契合于民间艺术或古村落艺术的审美经验,从而获得其审美价值。确实,民间艺术从来不乏伟大的创造性,却从不标榜其创造性,因为对民间艺术的描述和传承主要在于技艺、图形符号、象征寓意、地域文化特征、功能性、时代性特征等方面的综合思考。正是如此才产生民间艺术大师(这是被发现之后的称呼,其实原本都是生于斯、长于斯的村落居民而已),如盲人阿炳、说书先生、乡村剪纸艺人、刺绣娘子等。这就很好地说明,古村落艺术并不是横空出世的,也不是游离于其生存环境的,而是深根于古村落作为共同体的社会生活世界。在此,艺术创作犹如日常生活之物的需要一样,当其日常经验得到完全表现的时候,它就像"煤焦油经过特别处理就变成了染料一样"②,成为审美价值的艺术作品。

如果我们看到艺术审美具有建构古村落共同体的作用,那么我们就不应该轻易地放弃古村落艺术经验的唤醒与教育。在我们亟待保护古村落的时候,这就不能忽略古村落的审美价值,而过分强调其经济价值,也不能过分强调其历史价值。如果说经济价值有可能促使其平庸化而失去其古村落存在的精神气质,如果说历

---

① [美]约翰·杜威:《艺术即经验》,高建平译,商务印书馆2018年版,第12页。
② [美]约翰·杜威:《艺术即经验》,高建平译,商务印书馆2018年版,第12页。

史价值有可能促使其古董化而失去其古村落存在的时代精神，那么就可以说，唯有审美价值才能百利无一害地促进保存古村落存在的真实风貌。当然，古村落保护并不是一种单向度的保护方式，本身就是汇聚经济、文化、历史与政治为一体的共同体，它自身的保护就意味着随着时代的变化而变化，但在其变化中却保持其不变的精神实质。这正是板梁古村落走过五六百年历史而依然存留其不变的精神，这一定不是物质性的东西，而是一种具天地之精气的文化灵魂。

可见，古村落在审美价值上就更加显示其存在的必要性，显示其保护的真实性意义。因为它不但"创造"了我们的记忆与认知，而且连接了我们的生活与艺术，"恢复了艺术品的经验与日常生活的连续性"，使得我们在"过去""现在"与"将来"之间进行了文化的融合。正如伯纳德·贝伦森所描述的，"当旁观者与艺术作品合为一体时，……他不再是平日状态下的自我……审美性已不再在他自身之外。二者是一体的：时间和空间被取消了，旁观者为一种意识所支配"[1]。那么，古村落保护就为我们提供了这样的文化现场，于是"在这里，视觉、听觉、触觉和肌肉运动知觉的意识都细致而有力地表现了其可能性。并且，我们还可以在艺术中发现一种独特的关于环境的知觉的敏感，正是在这里，我们最直接地看到了人类空间的特征"[2]。因此，过去的不再是僵死的"库存"，而是活生生的生命融合，"艺术作为文化的先驱，引导我们发现对于环境的经验的特征，这种经验成为当今世界具有生命力的方面"[3]。

这样，基于古村落艺术的审美价值，我们可以增强村落共同体

① ［美］阿诺德·贝林特：《艺术与介入》，李媛媛译，商务印书局2013年版，第126页。
② ［美］阿诺德·贝林特：《艺术与介入》，李媛媛译，商务印书局2013年版，第127页。
③ ［美］阿诺德·贝林特：《艺术与介入》，李媛媛译，商务印书局2013年版，第132页。

的保护意识,通过审美教育,将古村落艺术的审美价值,以及这种艺术化生活的本质特征,提供给村落居民,使得他们从美丽乡村的形式上认同这种保护的独特价值。同时,自觉使得村落居民实施一些相应的保护策略,具体如下四个方面。

第一,结合古村落艺术的欣赏开展村落的审美教育。所谓的审美教育就是指使用艺术的表现形式对人们进行教育,使其达到某种对世界和人生的认识程度。这也可以把这种教育扩展为运用自然美、艺术美或其他一切美的形式给人们一种美感的熏陶,以达到美化人们心灵、行为、语言和体态,提升人们的道德水平,启迪人们的生存智慧。正如德国美学家席勒在《美育书简》中想要证明的那样,他说道,"教养的最重要任务之一就是使人在其纯粹自然状态的生活中也受形式的支配,使他在美的王国所及的领域中成为审美的人。因为道德的人是由审美的人发展而来的,不能在自然状态中产生"。这无疑给审美教育致以崇高的地位,把它看成一个人的终生教育,也是一个道德人的必由之路。因此,他又说道,"想使感性的人成为理性的人,除了首先使他成为审美的人以外,再没有别的途径"①。如果审美教育是如此的重要,那么它对人们认识古村落保护的存在意义也就变得相当重要了。其一,如前文所述,古村落艺术所具有的价值并非是它的经济价值,而是它的审美价值,主要通过各种民间艺术活动来展现,其中将各种文化的功能都集中于艺术作品或艺术活动中。正是这种艺术活动带给了古村落文化新的生命力,释放出古村落艺术的社会教化的功能;其二,通过审美教育就会唤醒人们对古村落艺术的认识和欣赏,从而在内心产生保护意识,这就使得村落管理者、村落居民和村落游客都自觉地成为古村落保护的主体。

---

① 〔德〕席勒:《美育书简》,徐恒醇译,中国文联出版公司1984年版,第118页。

第二，结合数字艺术进行再现古村落艺术的审美价值。正如我国两办印发《关于实施中华优秀传统文化传承发展工程的意见》中明确提出建设传统村落的数字博物馆。随后印发的《数字乡村发展战略纲要》，规范了传统村落优秀文化资源的数字化工作。就板梁古村落来说，这种数字艺术再现方式可以起到艺术欣赏与艺术传播相结合的作用，也可以引发数字化经济。结合数字艺术的方式是一种动静结合的观光模式，将古村落中静态的物质空间与数字媒体交互相结合，这就有效地解决目前板梁古村落文化遗产修复的技术问题与资金问题，同时避免破坏性的修缮和修复。

数字化保护古村落是指，"借助于信息技术及相关设备，采用不同类型的数字化方法，将古村落文化遗产的各种信息数字化，并永久存储于信息世界中，以实现对古村落文化遗产的抢救保护与宣传弘扬"[①]。当今世界，信息化大数据已成为一种新的资源和资产的配置方式，也是人们认识世界的一种新的思维方式。

古村落中包含着庞大的文化资源信息，大数据信息采集需要从摸得着的建筑、景观植被、公共设施等到口耳相传的传说、神话以及岁时节令的民俗活动等历史、人文、社会经济等多方面的信息，同时需要包括文字、图片、影像、口述、三维数据、手绘图等多种形式，在收集资料之后再对其数据进行整理、保存，并提供检索、分析、挖掘等服务。

譬如，以板梁古村落建筑装饰中的精美木雕为例，每栋房子的窗雕自成体系。木雕内容以福禄寿喜、文武、财商等日常生活中的吉祥文化为主，通过比喻、谐音、形象等手法表达出来，体现出民俗文化博大、生动、鲜活的典型形象，其雕刻的手法也是多样的，有透

---

① 韩中伟等：《古村落信息采集操作手册》，华南理工大学出版社2015年版，第19页。

雕、双面雕刻、浮雕等。在参观中如果能够运用数字艺术中的交互设计、虚拟现实、三维扫描技术进行艺术化处理,通过扫码、感应等互联网技术,能够从各个角度看到雕刻,并配合更为详细的静态图像和动态视频、文字、手绘图片的阐释,会让观者有更好的体验;如窗雕中的吉祥寓意雕刻,佛像表示"福"(图5-1、图5-2),纳福之意;熟开了口的石榴喜鹊,表示"多子多喜"(图5-3);狗叼羊的造型,表示"守财聚财",狗表示守护,羊通"大洋"(图5-4);羊紧紧咬住"大洋"(图5-5),表示紧紧地守住财。可以将这些雕刻做成有趣的交互设计,以身体式审美方式让观众对古村落文化的理解变得更为丰富。

第三,结合地方性文化创造出艺术化的生活空间,再现中华民族文化的审美情趣。目前我国对古村落的保护策略有博物馆式和活态式两种。博物馆式保护是指"就地保护"和"搬迁保护"。这是一种对象式审美的结果。活态式保护则是在"严格控制古村落空间格局、保护传统建筑、维护周边环境的基础上,运用可逆性、可识别性的保护手段,本着可持续发展的目的,对古村落内部基础设施进行改善,满足现代人的生活需求,同时适当利用古村落进行旅游开发,发展现代旅游经济"[1]。这种保护一方面虽然有利于古村落在现代社会中重焕活力,提高村民的文化自信感,吸引外出村民回村发展,也能够使旅游者能够更多维地感知古村落的文化发展。但另一方面,这种方式需要处理好遗产保护和经济发展这对关系,过于注重保护而忽视发展,就容易出现生产与生活的落后,对于村民的现实生活需求难以满足;如果过于重视经济发展,甚至以经济利益为导向,就会引发遗产和环境遭到破坏等问题。因此,这种活态式保护常会导致古村落原生态的失衡。

---

[1] 韩中伟等:《古村落信息采集操作手册》,华南理工大学出版社2015年版,第15页。

图5-1　窗雕1

资料来源：作者拍摄

图5-2　窗雕2

资料来源：作者拍摄

图5-3　窗雕3

资料来源：作者拍摄

图5-4　窗雕4

资料来源：作者拍摄

图5-5　窗雕5

资料来源：作者拍摄

　　譬如，村民们期待板梁古村落的开发带来的经济利益，村支部期待政府以及有情怀的投资人的资助，而游客们期望看到原汁原味的板梁生态，期望回味出"乡愁"的体验。而这些都是活态保护中难以平衡的，即保护和开发的两端。板梁古村落的"在水一方"酒吧就是一个典型例子，也是一个值得反思的起点。前文介绍过"在水一方"的老板套用浙江西塘古镇的模式来改造板梁古建筑空间，以至于敲掉百年青石地板，更换流行的现代木地板，并用江南水乡的门窗等来装饰湘南的古建筑民居外观，而在室内则用牛头、羊角来装饰墙壁，船舵、车轮来装饰天花板……整体风格显然与板梁古村落风格格格不入（图5-6）。但作为板梁村唯一的商业酒吧，却能够带来日近万元的经济收入。"在水一方"酒吧不仅是晚上的KTV和酒吧，还是白天的饭馆和休憩空间，收入的主要来源是游客的歇息消费。因此,"在水一方"酒吧的经营以及收益,对于人均年收入才近万元的村民来说,必定会带来冲击与刺激。

图5-6 "在水一方"酒吧局部建筑

资料来源:作者拍摄

从游客的实际需求来看,板梁古村落在整个观光路线的设计中,缺少让游客既能接触到历史文化遗产又能舒适观光的休憩空间。导游带领游客从接龙桥入口进入至游遍整个村落景点,遇到的只有"在水一方"酒吧这样一个休憩空间。因此,虽然它的空间装饰风格异类化,但它却能够为游走疲劳的游客提供一个舒适的休憩处。也可以说,尽管它具有在地性的服务功能,但它盲目追求模式化,没有考虑到在地性的文化因素。

可见,对板梁古村落中闲置的建筑进行空间改造,在新的历史条件下如何保护再利用是值得探索的。目前统计,古村中有成片保存的民居345栋,拥有省级文物保护单位挂牌的明清建筑147栋,国家级文物保护单位1处(中村宗祠),省级非物质文化遗产1项,宗族文化、红色文化、饮食文化也有一定的遗存。除了挂牌的国家级和省级文化遗产,村内依然还存在着大量的古建筑,而这些未挂牌的明清古建筑尽管文化价值不及国家级和省级文物,但在村落的整体保护中也是至关重要的,不能让它们随意坍塌或改建。当村民认为古村落的生活空间不能满足现代人的生活需求时，如何将一些闲置的民居建筑空间利用起来，通过技术手段以及新的材料进行新旧融合，营造出既符合现代化居住条件又体现出地方文化特征的空间设计，罗德胤教授在多年的古村落研究中提出了新美学对文化遗产观念的普及意义。他认为遗产保护不只是政府的责任，同时也是公民的责任；从资金上来说，即使遗产保护和修复的成本能被资助，但维护的成本也很高。如果不将保护与发展结合起来就很难维持古村落的良性循环以及可持续的发展，而新旧并置的新美学设计理念给人们带来了惊喜。因为古村落需要活态的保护，需要在日常生活中传承。板梁古村落的"在水一方"酒吧作为第一个改造的休憩和娱乐空间，它体现了其实用功能的意义，但却忽视了从尊重在地性文化内涵意义上的设计研究，如果没有及时认识到，很可能就会出现"千篇一面"的模式化现象。

因此，板梁古村落保护可以基于审美价值的挖掘而进行艺术文化空间的再营造，正如罗德胤在古村落研究中提出新美学的概念时，认为"这种新旧并置的策略，最初或许是为了节约成本或满足安全需求而采取的无奈之举，但是经过设计师的反复试验之后，在某些时候居然会显出一种令人惊讶的新美学。这种新美学对于设计行业而言，是一股代表着改革或变异的力量，虽然依旧会存在这样或那样的问题，但已弥足珍贵"[1]。在这里，他敏锐地看到，古村落保护可以透析其审美经验中的创作灵感，接续古村落艺术遗产的精神气质，而唤醒古村落原有的生命力。在我们看来，这种生命力就是古村落所显示的天人合一或人与自然谐居的关系。当然，这背后是价值观的修正，即以审美价值取代经济价值的主导

---

① 罗德胤：《传统村落——从观念到实践》，清华大学出版社2017年版，第181页。

地位。

这种新旧并置的美学思想已在我国古村落改造中有所实践，但是如何保护古村落原有的审美价值？又如何借助于艺术经验介入而使得村落共同体达成价值共识？在我们看来，唯有立足于原有古村落艺术审美经验的前提下，推进古村落建设的现代性道路。

第四，结合文化艺术活动激活古村落艺术的创意，然后，按照审美价值的判定进行艺术表现形式的变革，甚至在艺术内容上的改编，但不能改变那种存留于古村落艺术中的积极向上的精神。当然，每个时代都有其不相适应其时代变化的内容，但每个时代都有其亘古不可改变的精神，譬如人与自然的和谐、仁慈人性的追求等等。因此，在古村落保护实践中注重于艺术审美的导向，这就更有助于古村落作为精神共同体的时代发展。

我国现今流行的艺术介入乡村建设就是源自这种理念。譬如，刘鹏飞认为，现行艺术介入主要有三种类型：以艺术家个体为主导的艺术项目、以地方政府与艺术家合作的大型艺术节模式、艺术院校的艺术实践。[①] 例如，2009年，甘肃天水市秦安县叶堡乡的"石节子美术馆计划"；2011年，黄山黟县碧山村的"碧山丰年祭"；同年，由艺术家渠岩在山西晋中的许村发起的"许村国际艺术节"；2016年，乌镇举办的大型"乌托邦·异托邦——乌镇国际当代艺术邀请展"；同年，由艺术家范明正在广东东莞道滘镇发起的"道滘新艺术节"，贵州省锦屏县西南边沿的隆里举办的"隆里国际新媒体艺术节"，等等。但是，这种艺术介入究竟在多大程度上给予乡村可持续发展的动力，这种艺术介入有没有理论基础，是不是都是一种市场经济的操作项目，如此多的质疑至少还未得到

---

① 刘鹏飞：《当艺术介入乡村——中国乡村在地性创作盘点》，转载自"艺术中国"，http://art.china.cn/exclusive/2017−09/11/content_40007214.htm.

学术研究的检验。也许，毫无理论基础的行动将是短暂的，一厢情愿的。

　　然而，在艺术经验论思想与艺术人类学理论看来，艺术介入乡村建设并不是源自艺术家作为主体的冲动，也不是以艺术作为改善乡村经济来源的手段，而是基于村落共同体的生活艺术化的唤醒，通过其审美教育来经营其村落共同体，从而认识到其村落存在的永久性意义，揭示出人与自然和谐共居的生存方式。因此，从审美价值上认识古村落保护实践的重要性，不但体现了村落居民自身的教养，而且表现出一切古村落保护者的文化认同，这样才能共同促进古村落保护的良性发展。

第六章　古村落艺术在保护中的地位与作用

　　纵观西方国家的历史长河,特别是欧洲的各个国家在面对民族危机的时候,经常处于战争状态,竞争激烈。这不但导致他们的民族危机意识的增强,而且促使他们认真地保护自身国家文化。一方面,他们在保护国土方面,与其他国家划清界限,保证其领土安全;另一方面,他们在保护本国民族的文化安全,不让其他国家同化本民族的文化艺术。因为一个国家失去了本民族的文化特色,从某种意义上说就会变成别的民族。正如黑格尔所说,"一切民族都要求艺术中使他们喜悦的东西能够表现出他们自己,因为他们愿在艺术里感觉到一切都是亲近的,生动的,属于目前生活的"[①]。因此,他们不仅会从国家层面来推行文化遗产保护的措施,甚至会推广本民族的文化艺术,也会将文化遗产与个体尊重、社会发展相联系起来。这就说明文化遗产保护的事业与国家和个人都密切相关。"它是一项社会事业,需要全身的共同参与,公众的关注是全社会文物古迹保护意识提高的反映,是文物古迹的社会价值的体现"[②]。这就是说文化遗产保护需要由全社会共同参与和承担,从而实现大众化、普及化,让"遗产不再是社会的负担,而是国

---

① 〔德〕黑格尔:《美学》(第一卷),朱光潜译,商务印书馆1996年版,第348页。
② 李华东:《乡村的价值与乡村的未来》,载《建筑学报》2013年第12期,第1—3页。

家和民众都可以从中受益的财富"①,从而使保护行动成为全社会的事业。

古村落是人类文明发展的重要见证,是中华民族文化的根源。冯骥才先生在《为紧急保护古村落再进一言》一文中强调,"每一个古村落都是一部厚重的书。但没有等我们去认真翻阅,它们就很快消遁于无"②。虽然我国古村落数量庞大、形态丰富,但是"我国村落保护在自身的研究和阐释系统上也极不完善,只有很少一部分有学者去做过调查或记录,进行过人类学研究或建筑测绘等深度专业工作的村落案例就更少"③。然而,没有充分深入的调查和研究,就无法认知古村落的文化精神,无法挖掘古村落的文化价值,无法正确地引导旅游参观者对传统文化的学习和了解,更谈不上让民众喜欢古村落的文化遗产。因此,对古村落的认知和研究是迫在眉睫的艰巨使命,是保护和发展的重要前提。

正如前文所述,古村落是一个共同体,受制于经济、文化、历史和政治等各种条件。但在这些条件中有内在规定性和外在规定性之分,譬如,文化与历史往往是一个古村落存在的内在规定性,是建立其精神气质的主要来源,而相应地,经济与政治是一个古村落存在的外在规定性,是促使其发展的外部力量。当然,任何一个古村落的历史发展都离不开内外规定性的要求,不同的内外规定性就会决定一个村落发展的状态,而这种状态就会显示出这座村落的生态格局与精神风貌,也就决定其历史过程中留给人们的期望是什么,或者使人产生尊重敬仰而愿意去聆听其历史故事,感受其历史性的文化记忆,或者使人感到平庸而远离它,感受的只不过是

① 罗德胤:《传统村落——从观念到实践》,清华大学出版社2017年版,第185页。
② 冯骥才:《为紧急保护古村落再进一言》,载《中国艺术报》2012年4月13日,T01版。
③ 罗德胤:《传统村落——从观念到实践》,清华大学出版社2017年版,第195页。

某种活着的状态而已。

正如我国在2012年颁布《关于开展传统村落调查的通知》中认定,"传统村落是指村落形成较早,拥有较丰富的传统资源,具有一定历史、文化、科学、艺术、社会、经济价值,应予以保护的村落"。并将其细化为三点:一是传统建筑风貌完整;二是选址和格局保持传统特色;三是非物质文化遗产活态传承。[①]这就说明,古村落成为被保护的对象并不是随意的,也不是仅因其外在规定性达到要求,而更是因其内在规定性的鲜明,其传统历史文化资源的丰富,同时又经得起科学地考察分析,为当代科学文化的发展提供某种有益的资源,有助于塑造国家的文化形象和精神面貌。

既然古村落的内在规定性是由其历史文化传统所决定的,那么,对其保护就需要抓住其内在规定性,而应该在其外在规定性上寻求保护的实践策略。正如联合国教科文组织在《保护非物质文化遗产公约》中明确指出,"保护"就是"指采取措施,确保非物质文化遗产的生命力,包括这种遗产各个方面的确认、立档、研究、保存、保护、宣传、弘扬、承传(主要通过正规和非正规教育)和振兴"。首先明确保护的对象乃是非物质文化遗产,而保护的目的乃是使其保持原有的生命力,那这种生命力是如何被激发出来或保持下去呢?毫无疑问的就是要从其内在规定性中获取其生命力。正如一棵枯萎的大树要使其得到生机,肯定不是通过撑住它或浇灌各种营养肥料就可以达到的,而是要按照这棵树内在规定性来进行起死回生,其内在规定性就是这棵树的生理机制,而对于古村落的内在规定性就是其历史文化传统。

但按照艺术经验论来说,历史文化传统中最突出的内在精神

---

① 参阅"中华人民共和国住房和城乡建设部文件",http://www.mohurd.gov.cn/wjfb/201204/t20120423_209619.html.

就是其艺术性。正如杜威所说,"文化从一个文明到另一个文明,以及在该文化之中传递的连续性,更是由艺术而不是由其他某事物所决定的。特洛伊对我们来说,只是在诗歌中,在从废墟中恢复的艺术物品中活着。米诺斯文明在今天就是它的艺术产品。异教的神与异教的仪式一去不复返了,但却存在于今日的熏香、灯光、长袍与节日之中……如果没有仪式庆典,没有哑剧和舞蹈,以及由此而发展起来的戏剧,没有舞蹈、歌曲,以及伴随着的乐器,没有社群生活提供图样,打上印记的日常生活的器皿与物件,远古的事件在今天就会湮没无闻了"①。显然,作者通过列举了特洛伊、米诺斯等文明如何留存于现代文明之中,而非常清楚地肯定,只有艺术才能决定一个文明到另一个文明之间的连续性。如果说古村落代表的是农耕文明,那么它在工业文明中要得到生命力,就应该取决于其艺术资源,也在于古村落艺术的发现与重现活力。

这样,古村落艺术在保护中必然就起到了基础性作用,是一切保护策略的内在根据。这不但由古村落的内在规定性所决定,而且是由古村落艺术在文化中的角色所决定的。因为艺术不但起源于人类日常生活经验的完成,而且贯穿于人类社会生活的整个过程,并以其审美价值而屹立于人类文化丛林中,将不同文化类型、不同地区、不同民族、不同国家联结起来,将人类文化的多样性与连续性表达出来。具体说来,古村落艺术保护的地位与作用可以从以下两节来加以解释。

第一节　古村落艺术保护重现文化活力

古村落保护不同于单纯的文物保护或非物质文化遗产的保

---

① ［美］约翰·杜威:《艺术即经验》,高建平译,商务印书馆2018年版,第378页。

护,它有着物质文化遗产和非物质文化遗产两方面的价值,但是不管是物质的还是非物质的,都离不开"文化"这棵大树。古村落保护有三个层次:第一个层次也是最核心的是它的精神内容,即精神、宗教、艺术、文学等意识形态的层次;第二个层次是它的文化特色,如从生活方式中体现出来的风俗、衣食、民俗风情、节日礼仪等方式和形态;第三个层次是村落的外部形态,如村落的空间格局、建筑和街道等风貌特征。村落的三个层次相互制约,形成一个文化整体,是一个"互为彼此"的网络。这三个层次是包罗万象的,如果你是一个诗人,你会清楚地感知这个古村落上的自然之物,如山水风情等。没有水就没有植物,没有植物就没有丰盛的食物,没有建筑、没有人就没有村落;如果看得更深些,也许可以看到村落的形成是当初为了避免土匪侵扰而形成了独特的格局,可以看到村民们对天地神的敬仰,对宗法礼仪的敬畏。每一个人都是这样与这里的一切紧密相连,谁也不能单独存在,必须和万物"互为彼此",构成一个活生生的世界。

但是,这个活生生的世界主要依赖于其交互活动中所产生的审美情趣与文化而存在,将没有生气的世界变成有生气的,从而关联过去、现在与将来。这正如杜威所说的,"住在沙漠里的最高贵的人从沙漠的严酷与贫瘠中吸取到某种东西,山里人离开自己的环境时的怀念之情,成了环境是如何成为他的存在的一部分的深刻证明。不管是野蛮人,还是文明人,都不是由于本身的身体特征,而是由于他所参与的文化,才获得其存在的"①。文化使人类生活得以展开,成为有活力的世界。其中,古村落文化都积淀于其艺术的表现形式中,通过日常生活的器具、居家建筑物和民俗仪式表演等方式传承了整个古村落的文化特色。因此,艺术经验的认知

---

① [美]约翰·杜威:《艺术即经验》,高建平译,商务印书馆2018年版,第398—399页。

作用不容忽视,因为艺术并不是文明的"美容院",而是"触摸和感知文明的钥匙"①。

古村落艺术蕴藏着无限丰富的审美价值。板梁古村落最能让人获得其亲切感或认同感的是它的那种历史文化气息,是融入其中的那种历经百年而不衰败的精神气质。这种感受是从何而来的呢? 如前文所述,这是古村落艺术的审美经验,是那些分布于古村落不同角落的精雕细琢的艺术性和审美性。从其环境到其文化传统构成、从其居家建筑到其民俗表演,都凝聚着这座古村落的独特精神,展现出村落居民们与大地、与自然、与周围世界的交互活动,显示至美和谐、优雅生存的生活方式。

这就是古村落活态传承的基础。通过人们的日常生活实践,古村落无不充满着生命活力,一是来自村落居民自我满足的认同感,在此生活着、劳动着、交往着、表现着、追求着;二是来自村落旅游者的审美感受,在此领悟着、沉思着、交往着、审视着,由此达到古村落保护的全部意义。

正如杜威所认为的,"从集体文化对创造与欣赏艺术作品的影响的角度说,正是由于艺术表现了深层的调适态度,一种潜在的一般人类态度的观念与思想,作为一个文明特征的艺术是同情地进入到遥远而陌生文明的经验中最深层的成分手段。通过这一事实,艺术对我们自身的人性含义也得到了解释"②。正是艺术作品所唤起的想象与情感,使得我们进入到自身之外的关系中,形成了对我们经验的扩大与深化。也正是艺术作品所带来的内心与灵魂的安慰,当面对文化的内在矛盾致使人们感受不到精神意义或内

---

① 参阅范景中在喜马拉雅线上讲西方艺术史的发刊词《欣赏艺术,从附庸风雅开始》,https://www.ximalaya.com/renwen/18947184/131284756.
② [美]约翰·杜威:《艺术即经验》,高建平译,商务印书馆2018年版,第384页。

在力量时,人们自然会重新打量那种过于物欲的生活状态,并渴望那种带有精神感的生活及文化状态。

如果说保护是一种对遗忘的记忆功能的复活,那么,保护就必意味着被保护对象能适应时代的发展,并能获得其应有的地位和作用,指向人类继往开来的希望。如果说自古以来人类不断地进行代际传承,为的是对真善美的发现和拥有,那么,美的追求应该是人类一切生活的中心议题。同样,古村落保护就不应该丧失对美的理解,若一切都以经济价值为中心,势必就会失去古村落应该存在的理由。

从艺术经验中激发主体的审美意识,审美的层次不仅是物质层面的,更是精神层面的。古村落艺术一方面体现了审美与实用性及世俗性的紧密相连,因为它几乎可以把人们世俗的日常生活、社会生活的所有方面都包括进去,它包括商业、道德、经济、体育、饮食、人际交往、教育等诸多内容;另一方面,它也是主体精神的承载,在那些精湛的雕刻面前,我们的审美愉悦不仅来自对古人高超技艺的折服,还来自对历史、文化的追思,更有发自内心的那份对人类的创造精神以及对天地造物之神的敬畏之情。因此,对古村落保护,它不是一种行动方案或政府行为,而是要从形而上学层面,基于人性基础来追问其意义,其中,人类对审美的追求无疑是人性的基础。因此,从古村落艺术的分析中看到其审美价值,并以此追求古村落保护的实践策略,必然给古村落的历史发展带来活力。

第二节　古村落艺术保护重构意义世界

如果说古村落艺术因其审美价值而带给古村落存在的生命力,促使古村落保护得到了恰如其分的实施,那么,在以古村落艺术的引导下健全其文化遗产的整理与研究,从而按照古村落艺术的内在规定性做出其相适宜的文化再现、生活空间的营造和艺术性的创意。古村落保护达到其自身的使命,用我国古村落保护的纲领性文件来说,这就是"实施乡村振兴战略,深入挖掘农耕文化蕴含的优秀思想观念、人文精神、道德规范,结合时代要求在保护传承的基础上创造性转化、创新性发展,有利于在新时代焕发出乡风文明的新气象,进一步丰富和传承中华优秀传统文化"与"统筹保护、利用与发展的关系,努力保持村庄的完整性、真实性和延续性"①。前者是总体说明我国乡村发展规划的前景,是通过继承与转化而焕发出新时代的文明精神,而后者是述说古村落不但需要符合新时代的文明精神,而且需要保持其文化遗产的完整性、真实性与延续性。

如果要达成这种使命,必然要很清晰地认识到古村落文化遗产的性质与特征,必须把握住古村落文化遗产的精髓,必须阐明古村落存在的完整意义。其中,古村落之所以能存在并不是因为其经济价值,而是因其历史文化与精神面貌,相当大的一部分是落实在古村落的建筑群、人文景观、民间工艺等文化表现形式上。因此,对这些遗产的整理、认识和研究就必须有其坚实的理论基础,在此看来,以艺术经验论思想所获得古村落艺术的表述,能够将古村落的完整性、真实性与延续性统一起来,并给予推进发展。

美国学者凯文·林奇在《此地何时》(*What Time Is This Place*)一书中认为,"选择过去可以帮助我们构筑未来"②。美国城市学者克里斯汀·波伊尔在《集体记忆的城市》(*The City of Collective Memory*)中这样解释记忆,"不同于历史,记忆是与人的日常生活

---

① 中共中央国务院印发《乡村振兴战略规划(2018—2022年)》,http://www.gov.cn/xinwen/2018-09/26/content_5325534.htm.

② 成砚:《读城——艺术经验与城市空间》,中国建筑工业出版社2004年版,第132页。

紧密相连的,是沉淀和传承在人的生活世界的历史"①。这样说来,古村落保护的目的还不仅仅是一种文化传统的保护,而且是一种民族记忆的持续。因为只有过去才有未来,只有记忆才有历史,只有历史才有生活。当然,有什么样的过去才会有什么样的未来,有什么样的记忆才会有什么样的历史,现有的生活就会变成什么样子。人们对古村落的记忆,一方面有村落个人的记忆,带有很强烈的个体主观性的记忆;另一方面也有村落共同体的共同记忆,通过一个稳定的群体在社会生活中所建构起的集体记忆,这种记忆有共通性。然而,这些记忆又是从哪里而来呢? 一般来说,记忆不仅仅是一件事件的记忆,更是一种文化的记忆,一种通过文化教育的传承而被塑造出来的记忆。

古村落是一种文化遗产,而艺术资源是其主要内容。因此,通过古村落艺术的挖掘、整理与审美,来营造古村落保护空间,这就会成为唤醒这种共通性的集体记忆的有效途径。当然,古村落艺术一方面需要走进历史,经过深入访谈了解存在人们记忆中的村落形象,另一方面又要立足于现实与将来,去了解人们接通历史与现实的理想村落。这样,审美教育在古村落保护过程中是一项不可缺少的启蒙工作。因为它是一种更注重精神性的内在触动,是一种对古村落内在规定性的认识,是一种能给人们带来美感和美好精神的状态。对于审美文化传播,正如丁先来所说,"这种性质的审美文化也能形成产业,那么其肯定不是以创造经济价值为目的的,而是以团结民众、引导民众、并给民众带来精神上的收获为最高宗旨"②。然而,当下社会正热衷于艺

---

① 成砚:《读城——艺术经验与城市空间》,中国建筑工业出版社2004年版,第132页。
② 丁先来:《文化经验的审美改造》,中国社会科学出版社2010年版,第198页。

术介入古村落的保护与改造，许多的学者、官员、商人等由于受到整体文化气候的影响，也特别关注并支持文化产业化，这样能够"名正言顺"地将文化转化为一种现实的、有利可图的生产力。但是，他们热衷的并不是文化本身，而是在于它所带来的经济利益。

所以，针对这种"借鸡生蛋"的古村落保护行为，只有让人懂得古村落保护的意义乃在于其审美价值，以及留给人们的谐居生活方式，才有可能使人们将保护的意义从经济增值上转移到审美增值上，转移到一种人类文化文明多样性的持存上。这样看来，借助于古村落艺术资源，开展古村落的审美教育是一种切中要害的保护策略。正如丁先来所认为的，"审美教育对改善整体的文化经验是很重要的，美的素质提高要通过广泛意义上的审美教育来进行"[①]。这种教育就让人去学习欣赏古村落艺术的美感，带给人们的诗意栖居。也如杜威所认为，"学习感知一件艺术作品的一种重要能力，……是捕捉使一个独特的艺术家特别感兴趣的对象方面的力量"[②]，这种力量就是一种"在地方因素被剥离之后，保留下来的内在的价值"，这种内在价值就是美的感受。所以，杜威又说，"美就是对通过其内在关系结合成性质上整体的质料的圆满运动的反应"[③]。美是一种圆满，一种生活的圆满，一种人与自然相互和谐生活的圆满。我们可想，古村落存在的意义就在于此。

基于古村落艺术的审美教育可以贯穿在古村落保护和发展的过程中。一方面是对村民，另一方面是对游客、研究者、保护

---

① 丁先来：《文化经验的审美改造》，中国社会科学出版社2010年版，第199页。

② ［美］约翰·杜威：《艺术即经验》，高建平译，商务印书馆2018年版，第150—151页。

③ ［美］约翰·杜威：《艺术即经验》，高建平译，商务印书馆2018年版，第150—151页。

工作者、设计者等。研究者通过在古村落的多次短期和长期驻扎,收集村落的地域与相关环境信息,感受到古村落生存的内在机制,追问古村落的审美经验,从而提出实施保护方案,其中包括村民参与活动,超越专业和利益边界的保护群体,达成最大的保护共识。在这个过程中,研究者与设计者通过政府和村民之外的第三方介入,提供了生动易懂的视觉材料,或者对于村落中的某个现实问题提出建设性的解决办法,并让村里认知到文化遗产的价值,这就能够推动政府、研究者和民众间的理解与讨论,以及村民之间的讨论等。可以说,在整个艺术资源的认知与保护的过程中审美教育是潜移默化的,我们需要注重的是审美与人文关怀以及自然元素的关联,并能够激发人们内在性的文化天性。

古村落艺术的审美最大的特点就是它与生活密切相关,可以说是日常生活"感召"出来的,它的目的是为了给人们带来美好的祝福与希望,是对人的内在精神世界的提升。因此,在审美文化的传播中应该更多地与人们的公共文化经验联系,恢复其作为一种团结民众、提升民众的审美仪式或作为公共性的艺术形式和活动上来,并以此影响人们的内在精神生活与审美生活。

因此,通过对艺术经验论思想的阐述,对古村落艺术的审美价值的揭示,在审美教育的引导下,使得人们认知到古村落存在的价值并不仅仅是一种经济开发带来的物质利益,更是一种美好生活世界的展示。在这个世界里,人们可以将过去的时间、流动的空间与活动的人交织起来,使其与生存世界的未来希望相连接。这就可能构成古村落保护的理论框架与行动者计划,这就可能形成历史的、现实的和理想的"视域融合",构建出古村落保护的意义世界。正如德国哲学家伽达默尔在《真理与方法》中所提到的,"谁不能把自身置于这种历史性的视域中,谁就不能真正理解传承物的意义"①。因此,古村落保护并不是一种经济增值的事,也不是一种艺术介入的事,而是一种基于艺术经验而有审美增值的体验,由此揭示古村落存在的意义世界。

总之,古村落承载的农耕文化是中华民族的文化之根,古村落也是回到我们文化主体性的一个非常重要的现场,在应对全球化以及快速城市化的冲击下,本土文化及身份危机随之而来,如何使古村落文化不迷失于当代？如何融合现代化的方式确立自己的文化身份,保持自身的文化个性？如何更好地保护古村落并使它传承发展？

通过板梁古村落艺术的审美价值的分析,我们看到古村落整个建筑房屋上的一砖一瓦的布局与造型,建筑内外字画的美与内涵,一木一石的雕刻的寓意等等,无不体现其传统文化的审美精神,体现出其宗族礼仪、家族家风的严明与关怀。用现代眼光来看古村落,我们就会发现很多的建筑、空间是无用的,既没有符合现代人生活的功能价值,也没有相应的经济价值,而且保护起来费力费工。那我们该如何看待呢？如果没有历史文化的情怀,没有艺术审美的眼光,这种保护是不值得的。但通过审美分析,那些亭台楼阁,那些家家户户的天井布局,天井漏水处的"钱币"出口;房屋上马头墙的雕刻,门沿、窗户上的雕刻和题字等,在向我们述说着一种生活世界,一种文明的形式,它在把文化教育、人生价值、伦理道德、对美好生活向往的吉祥文化等观念,以最精练简洁的文字借助于房屋装饰表达出来,潜移默化地熏陶着居住者,也不断地呈现出古村落的文化底蕴。难道这些不足以触动我们对生活的理解吗？

---

① [德]汉斯-格奥尔格·伽达默尔:《真理与方法》,商务印书馆2016年版,译者前言。

《关于切实加强中国传统村落保护的指导意见》中指出，"传统村落维系着中华文化的根，寄托着中华各族儿女的乡愁"。从这种意义上说，古村落保护是一个事关国家凝聚力、民族认同感以及文化复兴的重要使命。因此，从审美上深入探析古村落的精神文化价值，是至关重要的，也是"有必要反复强调的"，正如有些学者呼吁，"处在重要历史阶段的中国和中华民族，总体的奋斗目标是国家和民族的复兴，这一目标的实现很大程度上将取决于文化复兴是否成功"①。然而，只有从文化的内在规定性去分析、去保护、去复兴，才有可能看到一个民族奋斗目标的实现。其中，古村落保护就是这种文化复兴的一个环节，其成功就在于其经久不衰的审美价值的重新发现。

---

①　陈志华：《保护文物建筑及历史地段的国际宪章》，载《世界建筑》1986年第3期，第12页。

结语

　　古村落艺术所承载的那种饱含深情的人文关怀，是最有力量的，也是最感人的。这种自下而上的对宗族思想、政论思想及人伦道德的维护，是无法用科学的反思与逻辑的理性来加以阐释的。它更多的是建立在情感与信仰的基础上，这个基础就是由人们日常生活的审美经验所决定的。正如杜威所说，"审美经验是一个文明的生活的显示、记录与赞颂，是推动它发展的一个手段，也是对一个文明质量的最终的评判。这是因为，尽管它为个人所生产与欣赏，这些个人的经验内容却是由他们参与其中的文化所决定的"①。在古村落艺术中，那些生动的、自然萌发的表现形态及神圣化的寓意总是给人们带来美好吉祥的愿景，带来内心与灵魂的安慰。就是对现代人的生命体验也是具有强大的震撼力。正如黑格尔在《美学》中所说，"艺术作品尽管自成一种协调的完整的世界，它作为现实的个别对象，却不是为它自己而是为我们而存在，为观照和欣赏它的听众而存在"②。这也同样就说明了古村落艺术不是为它自己而存在，而是为那些观看它或欣赏它的人而存在。这种存在就是给予生活者一种对话，一种生活世界的对话，给予美好的希冀。

---

① ［美］约翰·杜威：《艺术即经验》，高建平译，商务印书馆2018年版，第377页。
② ［德］黑格尔：《美学》（第一卷），朱光潜译，商务印书馆1996年版，第335页。

通过艺术经验论的分析，结合艺术人类学的田野工作，集中对板梁古村落艺术进行文化研究，关注艺术背后的保护理论与实践策略，强调整体性的研究理念，重视文化的差异性，结合田野调查，通过介入式审美与身体式审美，亲身感受板梁古村落艺术的审美价值，试图为板梁古村落保护提供一条以审美价值为导向的保护理论与实践策略。这主要基于其审美价值来领悟古村落保护的内在规定性，并以此揭示那种基于审美价值的保护策略要优越于那种基于经济增值的保护策略。其作用和地位主要表现在两个方面：一是古村落艺术保护能够重现古村落的文化活力；二是古村落艺术保护能够重构古村落的意义世界。前者试图解决古村落保护的时代性问题，促使其恰如其分地按照其内在规定性去发展，后者试图解决古村落保护的延续性问题，促使其建设好村落共同体的主体性意识，从而达到文化认知、文化自信和文化自觉的保护程度。

　　古村落保护究竟如何展示文化遗产的多样性与时代性，这不只是国内研究者要解决的问题，也是国外研究者要加以解决的问题。对于我们来说，首先要脱去欧洲文化优越论的理论框架，追问地方性文化在全球化过程中的绝对性意义，然后又要脱去地方蒙昧主义的面纱，积极地吸取各国的研究成果，最后是需要一种平等的心态来面对跨学科领域的多视角研究。就古村落艺术而言，除了强调其物质部分的保护外，还不能忽视其非物质方面的保护，比如，一些工艺技术、表演艺术、艺术经验等内容。这些内容都是需要进一步加以完整记录和整理的，这就需要运用各个学科的研究方法，如人类学、民俗学、艺术学等交叉学科的视野，同时还要参与到当地人们的生产生活过程中，获得近距离的接触，以便更为深入地体验和感知古村落共同体的存在意义。这对古村落保护研究是必不可少的途径，也是古村落文化遗产取得活态传承的重要前提。

古村落保护研究中虽然存有一些政绩手段和经济目的的诱惑性，即不免于偏离了为未来社会建构起人类历史真实性的保护意义，也偏离了古村落保护的文化战略，更甚至失去了为民族文化多样性提供生存空间的保护意义。但是，从人类历史过程来看，任何一座村落都是随着环境的演变，要么自然地消亡，要么自然地存留，这也是天经地义的历史法则。因为没有历史的消亡也就没有历史的记忆，也就没有真正意义上的历史保护概念。因此，古村落保护的本质并不仅仅在于为了经济如何发达，也不仅仅在于为了政绩如何伟大，而更是为了这里存在的人性精神的建构，朝向继往开来的希望活着。

当我们在说，"保护古村落就是记住乡愁"的时候，那究竟什么是"乡愁"，乡愁其实就是一种对失去之"文化记忆"所产生的"相思情感"。现代人生活在一个物质、市场、科技与理性占主导地位的社会里，被科学技术及其工业物品所牵制，被打上浓重的功利烙印。虽然这给我们带来了物质上的丰富，让我们获得了前所未有的感官快乐与物质享受，但是这也带来了很多负面影响，譬如环境的破坏、加工食品的质量低劣、人性上的拜金主义等。从思想上也使得我们习惯用理性的方式观察世界，用科学的成果衡量成功，把我们生活的经验抛向外在的、客体的、形式的、对象的感受，产生无穷无尽的碎片化的、不确定的、冷漠状态的人际社会，常常造成人们内心的空虚与失落，流露出现代人的精神迷茫与空洞。这就造成了现代人的"乡愁"。

这种"乡愁"是否通过古村落保护与乡村建设找回来，如果从技术路线上看，这似乎是可能的。但是，从现代人的乡愁产生的根源来说，这似乎难以实现。因为古村落保护是一种传统农耕文明的守护，而现代人的乡愁并不是土地的情结，更多的是资本的忧虑。因此，人们即使热衷于寻回这种乡愁，也是从资本的方式出发，其找到的东西也就无法抵挡现代人的无家可归之感。于是，"空心化""文化空壳""市场气息"等现象就再一次笼罩在古村落保护的对象之上。这就要唤醒人们再一次去反思古村落保护的初衷。或许，基于古村落艺术的审美价值重建历史保护的意义，就有可能打破这种乡愁的隔阂，让人类文明在艺术审美的长廊上彼此通融，走向人类文明多样性的状态，却又在人与自然、人与大地之间的关系中营造出同一种的诗意栖居生活，从而证明人类生活已有的却又继续追问的美好状态。这应该是各种文明类型的普遍追求。

参考资料

中文专著

朱狄:《当代西方艺术哲学》,人民出版社1994年版。

刘沛林:《古村落——和谐的人聚空间》,上海三联书店1997年版。

北京大学哲学系美学教研室:《西方美学家论美和美感》,商务印书馆1980
 年版。

中国民族民间文化保护工程国家中心:《中国民族民间文化保护工程普查工
 作手册》,文化艺术出版社2005年版。

王永健:《新时期以来中国艺术人类学的知识谱系研究》,中国文联出版社
 2017年版。

王深法:《风水与人居环境》,中国环境科学出版社2003年版。

王明喜等:《板梁古村》,湖南人民出版社2013年版。

钟敬文:《话说民间文化》,人民日报出版社1990年版。

王谢燕:《中国建筑装饰精品读解》,机械工业出版社2008年版。

罗德胤:《传统村落——从观念到实践》,清华大学出版社2017年版。

季中扬:《民间艺术的审美经验研究》,中国社会科学出版社2016年版。

胡俊涛:《中国民间美术概论》,中国建筑工业出版社2013年版。

张道一:《张道一文集》,安徽教育出版社1999年版。

张法:《中国美术史》,四川人民出版社2006年版。

陈望衡:《中国古典美学史》,武汉大学出版社2007年版。

钱锺书:《七缀集》,生活·读书·新知三联书店2002年版。

刘其伟:《艺术人类学——原始思维与创作》,雄狮图书股份有限公司2005年版。

周星:《中国艺术人类学基础读本》,学苑出版社2011年版。

岑家梧:《岑家梧民族研究文集》,民族出版社1992年版。

丁来先:《文化经验的审美改造》,中国社会科学出版社2010年版。

韩中伟等:《古村落信息采集操作手册》,华南理工大学出版社2015年版。

成砚:《读城——艺术经验与城市空间》,中国建筑工业出版社2004年版。

[美]约翰·杜威:《艺术即经验》,高建平译,商务印书馆2018年版。

[德]马克思:《1844年经济学哲学手稿》,刘丕坤译,人民出版社1985年版。

[美]约翰·杜威:《经验与自然》,傅统先译,商务印书馆2015年版。

[德]谢林:《先验唯心论体系》,梁志学、石泉译,商务印书馆2011年版。

[德]康德:《判断力批判》,邓晓芒译,杨祖陶校,人民出版社2002年版。

[德]海德格尔:《筑·居·思》,载孙周兴译,载《演讲与论文集》,生活·读书·新知三联书店2005年版。

[美]阿诺德·贝林特:《美学再思考:激进的美学与艺术学论文》,肖双荣译,武汉大学出版社2010年版。

[日]柳宗悦:《民艺论》,孙建君等译,江西美术出版社2002年版。

[美]H. 帕克:《美学原理》,张今译,商务印书馆1965年版。

[古希腊]柏拉图:《大希庇亚篇》,王晓朝译,载《柏拉图全集》(第四卷),人民出版社2003年版。

[英]罗伯特·莱顿:《艺术人类学》,李东晔、王红译,王建民校,广西师范大学出版社2009年版。

[古希腊]亚里士多德:《尼各马科伦理学》,载《亚里士多德全集》(第八卷),苗力田译,中国人民大学出版社1994年版。

[古希腊]亚里士多德:《形而上学》,吴寿彭译,商务印书馆1959年版。

[意]达·芬奇:《芬奇论绘画》,戴勉译,人民美术出版社1979年版。

[德]康德:《科学之争、实用人类学》,李秋零译,载李秋零主编《康德著作全集》(第七卷),中国人民大学出版社2008年版。

[德]黑格尔:《美学》(第一卷),朱光潜译,商务印书馆1996年版。

[英]埃德蒙·伯克:《关于我们崇高与美观念之根源的哲学探讨》,郭飞译,大象出版社2010年版。

[法]米·杜夫海纳:《审美经验现象学》(下),韩树站译,陈荣生校,文化艺术出版社1996年版。

[美]理查德·舒斯特曼:《实用主义美学》,彭锋译,商务印书馆2002年版。

[日]笠原仲二:《古代中国人的美意识》,生活·读书·新知三联书店1988年版。

[美]罗伯特·塔利斯:《杜威》,彭国华译,中华书局2002年版。

[美]阿诺德·贝林特:《艺术与介入》,李媛媛译,商务印书馆2013年版。

[美]弗朗茨·博厄斯:《原始艺术》,金辉译,上海文艺出版社1989年版。

［英］维克多·特纳：《仪式过程——结构与反结构》，黄剑波等译，中国人民大学出版社2006年版。

［美］约翰·拉塞尔：《现代艺术的意义》，陈世怀等译，江苏美术出版社1996年版。

［美］斯蒂文·费什米尔：《杜威与道德想象力》，徐鹏、马如俊译，北京大学出版社2010年版。

［德］汉斯-格奥尔格·伽达默尔：《真理与方法》，商务印书馆2016年版。

中文期刊论文、会议论文、学位论文、论文集论文

《中华人民共和国文物保护法》（2002年修正版），载《中华人民共和国国务院公报》2002年第33号。

李建军：《英国传统村落保护的核心理念及其实现机制》，载《中国农史》2017年第3期。

万婷婷：《法国乡村文化遗产保护体系研究及其启示》，载《东南文化》2019年第4期。

吴唯佳、唐燕、唐婧娴：《德国乡村发展和特色保护传承的经验借鉴与启示》，载《乡村规划建设》2016年第6期。

汤晔峥：《国际文化遗产保护转型与重构的启示——从ICOMOS的〈威尼斯宪章〉到UNESCO的〈保护世界自然与文化遗产公约〉》，载《现代城市研究》2015年第11期。

［德］本·西格斯：《德国村庄经济发展和村落保护》，载《今日国土》2006年第10期。

［意］卡洛琳娜·迪比亚斯：《〈威尼斯宪章〉50年》，舒杨雪译，载《建筑遗产》2016年第1期。

李久林、储金龙：《1990年代以来中国传统村落研究知识图谱——来自CiteSpace的佐证》，载《小城镇建设》2019年第12期。

朱启臻、芦晓春：《论村落存在的价值》，载《南京农业大学学报（社会科学版）》2011年第1期。

冯骥才：《传统村落的困境与出路——兼谈传统村落是另一类文化遗产》，载《传统村落》2013年第1期。

刘沛林：《古村落——独特的人居文化空间》，载《人文地理》1998年第1期。

朱晓明：《试论古村落的评价标准》，载《古建园林技术》2001年第4期。

罗杨：《古村落——"天人合一"的瑰丽画卷》，载《中国艺术报》2012年4月

13 日。

李军:《什么是文化遗产?——对一个当代观念的知识考古》,载《文艺研究》2005 年第 4 期。

王云庆、向怡泓:《从社会记忆角度探索传统村落保护开发新思路》,载《求实》2017 年第 11 期。

张帅奇:《文化记忆视阈下古村落的符号象征与传承表达》,载《汉江师范学院学报》2019 年第 1 期。

陈钰等:《基于传统文化景观概念的传统村落保护方法研究》,载《城市建设理论研究(电子版)》2019 年第 8 期。

王雅琦、汪兴毅、管欣:《基于织补理念的传统村落保护发展规划研究——以定远县黄圩村为例》,载《小城镇建设》2019 年第 12 期。

谭辰雯、李婧:《基于认知地图的传统村落保护方法创新研究》,载《小城镇建设》2019 年第 9 期。

蔡磊:《中国传统村落共同体研究》,载《学术界》2016 年第 7 期。

丛桂芹:《价值建构与阐释——基于传播理念的文化遗产保护》,博士学位论文,清华大学,2013 年。

仇保兴:《中国古村落的价值、保护与发展对策》,载《住宅产业》2017 年第 12 期。

朱晓明:《试论古村落的评价标准》,载《古建园林技术》2001 年第 12 期。

刘锡诚:《试论非物质文化遗产的价值判断问题》,载《民间文化论坛》2008 年第 6 期。

程堂明:在《村落·融合·创新·共享——中国传统村落保护发展笔谈》中的发言,载《小城镇建设》2019 年第 12 期。

张紫晨:《民俗学与民间艺术》,载《中国民间工艺》1988 年第 6 期。

刘景华、元佩成:《欧洲乡村研究在我国的新推进》,载《湘潭大学学报(哲学社会科学版)》2019 年第 4 期。

史英静:《从"出走"到"回归"——中国传统村落发展历程》,载《城乡建设》2019 年第 22 期。

安德明:《非物质文化遗产保护的中国实践与经验》,载《民间文化论坛》2017 年第 4 期。

金露:《生态博物馆理念、功能转向及中国实践》,载《贵州社会科学》2014 年第 6 期。

阮仪三:《传统村落,未来在哪里》,载《第一财经日报》2020 年 2 月 4 日,

A12 版。

何重义、业祖润、孙明、孙志坚：《楠溪江风景区古村落保护与开发探索》，载《北京建筑工程学院学报》1989 年第 2 期。

谭辰雯、李婧：《基于认知地图的传统村落保护方法创新研究》，载《小城镇建设》2019 年第 9 期。

徐春成、万志琴：《传统村落保护基本思路论辩》，载《华中农业大学学报（社会科学版）》2015 年第 6 期。

韩沛卓、马晨曦：《中国传统村落保护的西方经验及现实问题》，载《建筑与文化》2019 年第 7 期。

黄一如、陆娴颖：《德国农村更新中的村落风貌保护策略——以巴伐利亚州农村为例》，载《建筑学报》2011 年第 4 期。

赵雨亭、李仙娥：《德国历史建筑保护的制度安排、模式选择与经验启示》，载《中国名城》2017 年第 2 期。

童威、鲍颖：《法国古村落民居的活态化保护经验及借鉴研究——看科西嘉古村 Gaggio 如何避免"空心"留住"乡愁"》，载《现代装饰理论》2017 年第 2 期。

赵紫伶、于立、陆琦：《英国乡村建筑及村落环境保护研究——科茨沃尔德案例探讨》，载《建筑学报》2018 年第 7 期。

赵夏、余建立：《从日本白川荻町看传统村落保护与发展》，载《中国文物科学研究》2015 年第 2 期。

刘志宏：《西南少数民族特色古村落保护和可持续发展研究——基于韩国比较》，载《中国名城》2019 年第 12 期。

刘志宏、李钟国：《传统村落入选 UNESCO 世遗名录现状与分布探析——以中国、韩国和日本为例》，载《沈阳建筑大学学报（社会科学版）》2017 年第 2 期。

张姗：《世界文化遗产日本白川乡合掌造聚落的保存发展之道》，载《云南民族大学学报（哲学社会科学版）》2012 年第 1 期。

王国栋：《国内外传统村落保护与活化研究进展》，载《闽江学院学报》2018 年第 3 期。

贺学君：《非物质文化遗产"保护"的本质与原则》，载《民间文化论坛》2005 年第 6 期。

贺夏蓉：《基于"ICH 树"理念的假设对非物质文化遗产保护的启示》，载《民间文化论坛》2010 年第 1 期。

晁舸:《文化遗产名实问题初步研究》,硕士学位论文,西北大学,2010年。

李军:《什么是文化遗产?——对一个当代观念的知识考古》,载《文艺研究》 2005年第4期。

冯骥才:《守住底线,遵循科学,和谐发展,来保护住中华民族的文明家园—— 在首期中国传统村落保护发展培训班上的讲话》,载《工作通讯(内部)》 2016年第4期。

蒲娇、姚佳昌:《冯骥才传统村落保护实践与理论探索》,载《民间文化论坛》 2018年第5期。

李哲:《湖南永兴县板梁村建筑布局及形态研究》,硕士学位论文,湖南大学, 2007年。

黄智凯:《湘南传统聚落水系景观空间研究》,硕士学位论文,中南林业科技 大学,2008年。

周婧:《湘南板梁古村落传统民居生态策略研究》,硕士学位论文,中南大学, 2013年。

唐小涛:《我国新农村建设与古村落保护利用研究》,硕士学位论文,湖南师 范大学,2012年。

甘子成:《基于马克思主义精神生产理论的非物质文化遗产传承和发展研 究》,博士学位论文,华南理工大学,2019年。

姜敏:《传统村落的公共空间体系构成与当代演变——以板梁村为例》,载 《住区》2019年第5期。

杨蓓:《湘南民居木雕装饰艺术——以郴州板梁古村落为例》,载《创作与评 论》2013年第22期。

赵玲、陈飞虎:《湘南传统民居装饰的儒学教化——以郴州板梁古村落为 例》,载《装饰》2017年第1期。

李柏军:《郴州板梁古村落民居的建筑装饰艺术特征》,载《艺海》2017年第5 期。

李徽莹、张轶群:《板梁古村落民居彩绘的艺术与文化研究》,载《中外建筑》 2019年第7期。

沈丽虹:《浅谈仿生建筑》,载《山西建筑》2006年第22期。

王科奇:《建筑仿生新论》,载《华中建筑》2005年第23卷。

徐鹏:《当代仿生建筑文化的新趋向》,载《山西建筑》2009年第9期。

陈宏、刘沛林:《风水的空间模式对中国传统城市规划的影响》,载《城市规 划》1995年第4期。

王院成:《传统村落保护与发展的三个重要逻辑》,载《中国文物报》2020年2月14日,第5版。

冯骥才:《传统村落是中华民族失不再来的根性遗产》,载《新民晚报》2014年3月8日。

高建平:《读杜威〈艺术即经验〉(一)》,载《外国美学》2014年第1期。

徐岱:《杜威的艺术即经验论》,载《美育学刊》2016年第2期。

[美]迈克尔·欧文·琼斯:《什么是民间艺术? 它何时会消亡——论日常生活中的传统审美行为》,游自荧译,载《民间文化论坛》2006年第1期。

彭锋:《现代美学神话的建构与解构》,载《文艺争鸣》2019年第4期。

安琪:《群体精神的美学体系——民间艺术的理想、功能与价值》,载《文艺研究》1990年第1期。

费歇尔:《谈谈英语中的Syn-aesthesia》,载《外语学刊》1986年第1期。

李凯:《糖画艺术与糖花艺术》,载《四川烹饪高等专科学校学报》2006年第1期。

刘华荣:《儒家教化思想研究》,博士学位论文,兰州大学,2014年。

薛浩:《地域文化视野下舞龙舞狮文化研究》,载《湖北体育科技》2014年第11期。

谢小龙、刘向辉、李传武等:《中国高校龙狮运动的发展特点及未来走向》,载《湖南科技学院学报》2005年第11期。

周扬:《1950年全国文化艺术工作报告与1951年计划要点》,载《人民日报》1951年5月8日。

方李莉:《艺术田野工作方法中的文化思考——以长角苗人的艺术考察为例》,载《民族艺术》2008年第1期。

李华东:《乡村的价值和乡村的未来》,载《建筑学报》2013年第12期。

冯骥才:《为紧急保护古村落再进一言》,载《中国艺术报》2012年4月13日,T01版。

陈志华:《保护文物建筑及历史地段的国际宪章》,载《世界建筑》1986年第3期。

吕舟:《从第五批全国重点文物保护单位名单看中国文化遗产保护面临的新问题》,载《建筑史论文集》(第16辑),清华大学出版社2003年版。

何重义:《中国古村——引言》,载《中国传统民居与文化——中国民居第七届学术会议论文集》(第七辑),山西科学技术出版社1999年版。

冯骥才:《古村落是我们最大的文化遗产》,载《不能拒绝的神圣使命:冯骥才演讲集(2001—2016)》,大象出版社2017年版。

外文专著

Michael A. Tomlan, *Historic Preservation*, Springer International Publishing Switzerland, 2015.

Diane Barthel, *Historic Preservation:Collective Memory and Historical Identity*. New Brunswick: Rutgers University Press, 1996.

Tony Bennett, *The Birth of the Museum: History, Theory, Politics*. London: Routledge, 1995.

Howard P, Thompson I, Waterton E (eds): *The Routledge Companion to Landscape Studies*. Routledge, London, 2013.

Paul Ricoeur, *Memory, History, Forgetting*. Chicago, IL: University of Chicago Press, 2004.

Lourdes Arizpe, *Culture, Diversity and Heritage: Major Studies*. Springer Cham Heidelberg New York Dordrecht London, 2015.

Gaetano M. Golinelli (eds.), *Cultural Heritage and Value Creation — Towards New Pathways*. Springer International Publishing Switzerland, 2015.

Lourdes Arizpe, Cristina Amescua (eds.), *Anthropological Perspectives on Intangible Cultural Heritage*. Springer Cham Heidelberg New York Dordrecht London, 2013.

Bhabatosh Chanda, Subhasis Chaudhury, Santanu Chaudhury (eds.), *Heritage Preservation: A Computational Approach*. Springer Nature Singapore Pte Ltd. 2018.

D. Fairchild Ruggles, Helaine Silverman (eds.), *Intangible Heritage Embodied*, Springer Dordrecht Heidelberg London New York, 2009.

Linde Egberts and Koos Bosma (eds.), *Companion to European Heritage Revivals*, Springer Heidelberg New York Dordrecht London, 2014.

Tami Blumenfield and Helaine Silverman (eds.), *Cultural heritage politics in China*, New York, Springer, 2013.

Sabine von Schorlemer, Peter-Tobias Stoll (eds.), *The UNESCO Convention on the Protection and Promotion of the Diversity of Cultural Expressions — Explanatory Notes*. Springer Heidelberg New York Dordrecht London, 2012.

Pier Luigi Petrillo (eds.), *The Legal Protection of the Intangible Cultural*

Heritage — *A Comparative Perspective*, Springer Nature Switzerland AG, 2019.

D. Bruns et al. (eds.), *Landscape Culture–Culturing Landscapes*, Raum Fragen: Stadt–Region–Landschaft, Springer Fachmedien Wiesbaden 2015.

Howard P, Thompson I, Waterton E (eds): *The Routledge Companion to Landscape Studies*. Routledge, London 2013.

Palang H, Sooväli H, Antrop M, Setten S, *European rural landscapes: persistence and change in a globalising environment*. Kluwer Academic Publishers, 2004.

Lowenthal, David., *The Past is a Foreign Country*. Cambridge: Cambridge University Press, 1985.

Xavier Roigé & Girona Joan Frigolé. *Constructing Cultural and Natural Heritage: Parks, Museums and Rural Heritage*. Girona, Documenta Universitaria, 2010.

Russell, K., *Why Can't We Preserve Everything?* St. Pancras: Cedars Project, 1999.

外文期刊论文

Barthel, D., "Historical Preservation: A Comparative Analysis". In: *Sociological Forum*, 1989.

Marcus Binney, "Preservation Pays: Tourism and the Economic Benefits of Conserving Historic Buildings". *London: Save Britain's Heritage*, 1978.

Olaf Kühne, "The Evolution of the Concept of Landscape in German Linguistic Areas".

Marc Antrop, "Interacting Cultural, Psychological and Geographical Factors of Landscape Preference."

Jonathan Sterne, "The Preservation Paradox". In: R. Purcell et al. (eds.), *21st Century Perspectives on Music, Technology, and Culture*, © The Editor(s), 2016.

Kynan Gentry, "'The Pathos of Conservation': Raphael Samuel and the politics of heritage". In: *International Journal of Heritage Studies*, 2015.

Andrew Jackson, "Local and Regional History as Heritage: The Heritage Process and Conceptualising the Purpose and Practice of Local Historians". In: *International Journal of Heritage Studies*, 2008.

Lourdes Arizpe, "Cultural Heritage and Globalization", in: *Values and Heritage Conservation Research Report* (Los Angeles: Getty Conservation Institute), 2000.

Chike Jeffers, "The Ethics and Politics of Cultural Preservation". In: *J Value Inquiry*, 2015.

Wojciech Bonenberg, "The Role of Cultural Heritage in Sustainable Development. Values and Valuation as Key Factors in Spatial Planning of Rural Areas". In: J. Charytonowicz and C. Falcão (Eds.): *AHFE 2019, AISC* 966.

Mélanie Duval, Benjamin Smith, Stéphane Hœrlé, Lucie Bovet, Nokukhanya Khumalo and Lwazi Bhengu, "Towards a holistic approach to heritage values: a multidisciplinary and cosmopolitan approach". In: *International Journal of Heritage Studies*, 2019.

Jim Russell, "Towards More Inclusive, Vital Models of Heritage: an Australian perspective". In: *International Journal of Heritage Studies*, 1997.

Linda Young , "Villages that Never Were: The Museum Village as a Heritage Genre". In: *International Journal of Heritage Studies*, 2006.

Nancy Pollock-Ellwand, Mariko Miyamoto, Yoko Kano & Makoto Yokohari, "Commerce and Conservation: An Asian Approach to an Enduring Landscape, Ohmi-Hachiman, Japan". In: *International Journal of Heritage Studies*, 2009.

Jala M. Makhzoumi, "Unfolding Landscape in a Lebanese Village: Rural Heritage in a Globalising World". In: *International Journal of Heritage Studies*, 2009.

Andrew Hodges & Steve Watson, "Community-based Heritage Management: a case study and agenda for research". In: *International Journal of Heritage Studies*, 2000.

Mélanie Duval, Benjamin Smith, Stéphane Hœrlé, Lucie Bovet, Nokukhanya Khumalo and Lwazi Bhengu, "Towards a holistic approach to heritage values: a multidisciplinary and cosmopolitan approach". In: *International Journal of Heritage Studies*, 2019.

Camila del Mármol, "The quest for a traditional style: architecture and heritage processes in a Pyrenean valley". In: *International Journal of Heritage Studies*, 2017.

Robert Pickard, "A Comparative Review of Policy for the Protection of the Architectural Heritage of Europe". In: *International Journal of Heritage*

Studies, 2002.

Ken Taylor, "Cultural heritage management: a possible role for charters and principles in Asia". In: *International Journal of Heritage Studies*, 2004.

Amanda M. Evans, Matthew A. Russell, Margaret E. Leshikar-Denton, "Local Resources, Global Heritage: An Introduction to the 2001 UNESCO Convention on the Protection of the Underwater Cultural Heritage". In: *Journal of Maritime Archaeology*, volume5, 2010.

Ute Mager, "The UNESCO Regime for the Protection of World Heritage". In: A. von Bogdandy et al. (eds.), *The Exercise of Public Authority by International Institutions*, DOI: 10. 1007/978‒3‒642‒04531‒8_12. Springer-Verlag Berlin Heidelberg, 2010.

Petzet M., "Principles of preservation: An introduction to the International Charters for Conservation and Restoration 40 years after the Venice Charter". 2004.

Christina Maags, "Struggles of recognition: adverse effects of China's living human treasures program". In: *International Journal of Heritage Studies*, 2019.

Olaf Kühne, "The Evolution of the Concept of Landscape in German Linguistic Areas". In: D. Bruns et al. (eds.), *Landscape Culture‒Culturing Landscapes*, RaumFragen: Stadt‒Region‒Landschaft, DOI 10. 1007/978‒3‒658‒04284‒4_2, © Springer Fachmedien Wiesbaden 2015.

Diane Barthel, "Getting in Touch with History: The Role of Historic Preservation in Shaping Collective Memories". In: *Qualitative Sociology*, Vol. 19, No. 3, 1996.

Giulio Verdini, Francesca Frassoldati & Christian Nolf, "Reframing China's heritage conservation discourse. Learning by testing civic engagement tools in a historic rural village". In: *International Journal of Heritage Studies*, 2017.

Jonathan Sterne, "The Preservation Paradox". In: R. Purcellet al. (eds.), *21st Century Perspectives on Music, Technology, and Culture*, © The Editor(s), 2016.

网络资料

张稚丹:《中国民间文化遗产抢救工程回顾》,载《人民日报》(海外版),http:// www.china.com.cn/chinese/CU-c/1046007.htm.

《历史文化名城名镇名村保护条例》,http://www.gov.cn/flfg/2008‒04/29/ content_957342.htm.

四部委(住房和城乡建设部、文化部、国家文物局、财政部):《关于切实加强中国传统村落保护的指导意见》,文号:建村〔2014〕61号,中华人民共和国住房和城乡建设部网站,http://www.mohurd.gov.cn/wjfb/201404/t20140429_217798.html.

《关于古迹遗址保护与修复的国际宪章〈威尼斯宪章〉》(完整版),http://www.iicc.org.cn/Publicity1Detail.aspx?aid=870.

Naoto Jinji, Ayumu Tanaka, "How does UNESCO's Convention on Cultural Diversity affect trade in cultural goods?" In: *Journal of Cultural Economics*, 2020. https://doi.org/10.1007/s10824-020-09380-6.

"中华人民共和国住房和城乡建设部文件",http://www.mohurd.gov.cn/wjfb/201204/t20120423_209619.html.

刘鹏飞:《当艺术介入乡村——中国乡村在地性创作盘点》,转载自《艺术中国》,http://art.china.cn/exclusive/2017-09/11/content_40007214.htm.

范景中在喜马拉雅线上讲西方艺术史的发刊词《欣赏艺术,从附庸风雅开始》,https://www.ximalaya.com/renwen/18947184/131284756.

中共中央国务院印发《乡村振兴战略规划(2018—2022年)》,http://www.gov.cn/xinwen/2018-09/26/content_5325534.htm.

国内外文化遗产相关保护条例

《保护世界文化和自然遗产公约》

联合国教科文组织《保护无形文化遗产公约》

《雅典宪章》

《中华人民共和国文物保护法》

《历史文化名城名镇名村保护条例》

《住房和城乡建设部、文化部、国家文物局、财政部关于开展传统村落调查的通知》

《住房和城乡建设部、文化部、财政部关于加强传统村落保护发展工作的指导意见》

《保护和促进文化表现形式多样性公约》

《威尼斯宪章》

《奈良真实性文件》

后记

　　古村落是我国物质文化遗产和非物质文化遗产的有机结合体,如何使它不失去当代文化的建构意义? 如何使它在现代化进程中得到应有的保护? 如何突破现代文明与农业文明之间的隔阂,重新找回古村落的文化价值,建立其文化保护策略? 如此等等的问题,已成为当下我国传统文化保护研究的重要议题。然而,在古村落文化保护实践中往往以经济开发为主导模式,用经济增值理论来评估古村落保护的优劣意义,由此引发了古村落文化保护的经济投资依赖与文化失忆现象,导致古村落文化保护中出现的"建设性破坏"和"空心化"现象。其中,古村落艺术遭受极大破坏,反而无益于文化遗产的继承与发展。

　　因此,对古村落文化保护研究就必须转换探索路径,以便更好地找到古村落保护的合理方式。

　　从古村落自身存在的方式上看,古村落是一种集经济、文化、政治、历史与艺术等元素为一体的生活世界。按照我国对古村落的界定来说,"传统村落是指村落形成较早,拥有较丰富的传统资源,具有一定历史、文化、科学、艺术、社会、经济价值,应予以保护的村落"。由此可知,古村落保护价值可分为三重层次:一是历史性价值;二是文化性价值;三是经济性价值。但经济性价值是要以历史性价值与文化性价值为前提,也就是说,只有历史悠久、文化资源丰富的村落才能成为古村落,并由此具备经济性价值。这样看来,古村落文化保护在其规定性上就不应该以经济性价值为中心,而是要以历史性、文化性为中心。

　　那么,如何以历史性、文化性为中心来建立起古村落保护理论与实践呢? 这不但要取决于古村落人文地理的地方性特征,而且要取决于古村落历史文化的普遍性特征。结合二者来看，关于古村落文化保护研究必须要以具体案例为基础来进行讨论。本书以湖南省永州市板梁古村落为例来展开讨论，并聚焦于古村落艺术的文化遗产，深入讨论古村落以历史性、文化性为中心的保护理论与实践问题。其中，借助于美国哲学家杜威的艺术经验论思想，重塑古村落艺术文化遗产的审美价值，由此阐明古村落艺术文化保护的重要地位与作用。

以艺术经验论为理论基础，结合艺术人类学知识与社会认同理论对古村落艺术文化保护问题进行阐释，试图指出古村落艺术文化保护不但要基于物质条件、地理环境和文化建构，而且还要基于主体的审美意识，在保护古村落艺术的审美价值上合理地开发其经济性价值，从而避免盲目追求经济增值所带来的保护性伤害。从艺术审美的角度进行探索，来修正以经济增值为中心的保护理论与实践策略，就有了重要的意义。

对于本书的研究，我要衷心地感谢导师杨劲松教授对我的悉心指导与信任，正是杨老师对我在创作及课题研究上的指导以及思想上的关怀与鼓励，让我能够坚定自己敏感却又优柔寡断的学术想象与信念，继而有序而深入地完成好田野调查与课题研究；感谢所有对我产生深远影响的良师益友们，在研究的各个阶段给予我宝贵的建议和指导，使我在学术和个人成长方面取得了长足的进步。另外，还要感谢板梁古村落刘支书及村民们友好与真诚的帮助，感谢王明喜等先生对板梁古村落历史人文古迹史料的细致整理，为我的研究提供了线索和铺垫。

衷心感谢出版社编辑老师为书稿编辑、校对、出版付出的努力，他们严谨的工作态度让我感动，也让我钦佩。感谢上海视觉艺术学院的校领导和科研处领导对本书研究课题的肯定，同样感谢上海视觉艺术学院美术学院领导多年来对我的关心和支持。希望此书的出版，能够变为我对他们的答谢之意。

李 沙
2023年11月